人人都能
学AI

桑梓 著

华中科技大学出版社
http://press.hust.edu.cn
中国·武汉

图书在版编目(CIP)数据

人人都能学 AI / 桑梓著 . -- 武汉：华中科技大学出版社，2024.8. -- ISBN 978-7-5772-1005-6

Ⅰ . TP18

中国国家版本馆 CIP 数据核字第 2024Y73M89 号

人人都能学 AI   桑梓 著
Renren Douneng Xue AI

策划编辑：饶　静
责任编辑：林凤瑶
封面设计：琥珀视觉
责任校对：李　弋
责任监印：朱　玢
出版发行：华中科技大学出版社（中国•武汉）　　　电话：(027)81321913
　　　　　武汉市东湖新技术开发区华工科技园　　　邮编：430223
录　　排：孙雅丽
印　　刷：湖北新华印务有限公司
开　　本：880mm×1230mm　1/32
印　　张：6.5
字　　数：141千字
版　　次：2024年8月第1版第1次印刷
定　　价：68.00元

华中出版

这个时代，如何让AI成为变现加速器？

嘿，朋友，非常感谢你翻开这本书。

我是桑梓，一个1999年出生的南方姑娘，热爱自由。在大学毕业后，我没有选择传统的职业道路，而是坚持读书写作，并创立了"桑梓学姐"这个品牌，成了一名自媒体创业者。

我的自媒体之路起初非常顺利。21岁时，我荣幸地成为人力资源和社会保障部教育培训中心新媒体运营培训的优秀学员；进行新媒体写作，单篇文章的收益达到了14000多元。到了23岁，我继续在写作领域深耕，作品的全网阅读量破亿。

由于频繁在各大平台和媒体发表文章，许多人开始向我请教写作技巧，于是我决定开设写作课程。令人欣喜的是，这一尝试取得了巨大的成功。短短几个月，我实现了25万元的变现，并吸引了数百名热情的学员。

那时候，真是春风得意马蹄疾，在事业蒸蒸日上的时候，我盲目地扩大了团队规模，却忽视了行业的变化趋势。

当同行们已经开始利用低成本的自动化工具时，我仍然在支付高昂的人力成本。这种故步自封的做法最终导致了我事业的瓶颈。

到了2023年初，我发现前期投入的人力成本并没有带来预期的效益增长，反而成了巨大的负担。

当意识到这个问题的时候，我并没有将它放在心上，因为我始终觉得上天很眷顾我，更何况我还这么年轻，有什么可怕的。

那段时间，ChatGPT工具正好火爆起来，在我的朋友圈刷屏。

起初，我并未太在意，以为它只是一个短暂流行的时尚玩意儿。然而，ChatGPT的势头却异常猛烈，直接在自媒体圈引发了巨大的轰动。不断有消息传来：有人利用ChatGPT轻松打造出10万粉丝的爆款自媒体账号，有人凭借它写出百万阅读量的爆款文章，还有人通过它成功打造出爆款店铺。

这些令人震惊的数据，或许在很多人看来难以置信，可是我却深信不疑。因为这些都是我身边人亲身经历的真实案例，有着确凿的证据支持。

过去，我费尽心思招聘员工、组建团队，从未取得如此惊人的业绩。而现在，一个成本极低的AI工具竟然能够轻松超越人力团队的表现？

一种前所未有的绝望与惶恐向我袭来。我晚上躺在床上辗转反侧，不禁开始思考："我刚毕业没多久，事业尚未真正起步，难道就要这样被一个AI工具打败了吗？"

经过一夜的深思熟虑，我逐渐意识到：要想走出当前的困境，必须正视现实并改变自己固有的创业思维。既然打不过ChatGPT，那就拥抱ChatGPT，让AI为自己赋能。

这一刻，我如梦初醒，我决定从零开始学习AI技术。我深知只有从源头掌握AI的核心原理，才能真正发挥其潜力。因此，我投入了大量时间和精力去啃那些大部头学术书，通过在线视频教程自学，加入专业社群与同行交流，甚至厚着脸皮向大咖请教。那段时间，我几乎整天都沉浸在AI的世界里。

为什么要对自己这么狠呢？因为我迫切地想要突破自己的局限。

我一直对理科和计算机感到畏惧和排斥，这种心态在创业过程中成了我前进的绊脚石。每当遇到复杂的自媒体程序或高端的效率工具，我总是选择逃避，宁愿花费更多的时间和精力。

这种固执的做法源于我从小接受的一种观念：女生学不好理科，不适合从事理科领域的工作。所以，我长大后也从未在理科领域努力过，因为打心底压根就不觉得自己能做好，还谈何努力？敲下这些字的时候，我着实为我曾经的想法感到羞愧。

因此从零开始学习AI，与其说是为了拯救我的事业，倒不如说是为了拯救当初那个认知局限的自己。我希望通过学习AI来证明，一个曾被认为学不好理科的女孩，同样可以学好AI。她不需要被过去的标签束缚，只需勇敢追求并付诸实践。同样地，我更希望大家坚信，任何一个像我这样的普通人，都能够借助AI的力量，为自我赋能，实现更多可能。

值得高兴的是，我做到了！

我成功出版了第一本关于AI的书籍，此刻它正握在你的手中。这本书不仅是我对AI领域深入研究的成果，更是我勇于挑战自我、突破认知局限的见证。

我成功地将 AI 技术应用于自己的事业，实现了一人化公司的运营模式，变现金额高达 6 位数。通过 AI 的助力，我能够更快速、更优质地产出内容，相较于以往传统的方式，不仅效率大大提升，而且质量也更有保障。更重要的是，AI 的应用直接为我节省了人工成本，这无疑是对我事业发展的巨大推动。正如那句话所说，"AI 在手，天下我有"。

最让我激动的是，AI 也让我的生活发生了翻天覆地的变化。在心态上，我坚信"普通人也能学好高新技术"，而 AI 的不断更新和进步，也让我每天都充满了好奇心和探索欲。我热衷于研究 AI，每天都会挖掘并掌握一项新技能。这种感觉就像是在探险岛上，每天都有新的发现，每天都能找到一个小宝藏，让我充满成就感和喜悦。

感谢你陪我走完这段心路历程。我深知，这本书不仅仅是我个人的成长记录，更是一份对未来的期许和呼唤。它见证了我从一个对 AI 一无所知的新手，逐渐成长为一个能够驾驭 AI 力量的自媒体创业者。

同时也希望我的经历能够激励更多的人，无论性别、年龄、家庭背景如何，大家都能勇敢地突破自己，掌握前沿科技，为自己的生活和事业赋能。

AI 的时代已经来临，我们每个人都有机会成为这个时代的弄潮儿。

此刻，让我们翻开这本书，一起领略 AI 的魔力！

目录

第3章

20个AI设计指令宝典，激发你的无限灵感

第4章

17个AI办公指令速查，提升你的办公效率

第5章

自媒体与AI的完美结合，提升变现速度

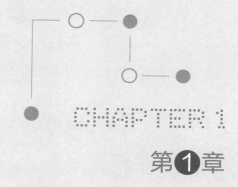

CHAPTER 1

第❶章

AI基础：指令学习、工具大观和个人成长

　　想要系统学习AI，掌握AI的基础概念是必不可少的一个环节。

　　比如什么是AI指令（Prompt）？目前好用的AI工具有哪些？高质量的AI指令是什么样的？

　　这一章，我将带大家了解AI基础，以便各位读者在日后使用AI时能如鱼得水。

●——○——1.1——○——●
AI指令简介：
了解AI指令的底层逻辑与重要性

1.1.1　ChatGPT为何如此火爆

ChatGPT的横空出世，在AI领域掀起了巨大的波澜。自2022年11月30日发布以来，短短两个月，ChatGPT的月活用户数便突破了惊人的1亿大关，刷新了消费级应用程序的增长纪录。

根据Sensor Tower的数据，TikTok达到1亿用户用了9个月，Instagram则花了两年半（30个月）的时间，由此可见，ChatGPT的崛起速度之快。截至2023年1月，ChatGPT的日均独立访客数更是飙升至1300万，是前一个月的两倍。

为什么ChatGPT能火爆全球？它有什么独特之处？

首要功臣当属其尖端的技术。

ChatGPT拥有先进的RLHF模型训练方式（Reinforcement Learning from Human Feedback，从人类反馈中进行强化学习）以及卓越的自然语言处理技术，为用户带来了革命性的交互体验。

　　具体来说，RLHF模型训练方式独辟蹊径，将强化学习与人类反馈紧密结合。相较于传统机器学习模型在处理复杂语言和语义时的捉襟见肘，RLHF模型训练方式使得模型能够更为深入地理解，并精准地满足人类的需求和偏好，从而生成更为贴切、实用的回答。

　　而在自然语言处理方面，ChatGPT更是展现出了惊人的实力。它不仅能像人类一样进行流畅自然的交流，能敏锐地捕捉并纠正问题中的描述性错误，还能深刻理解自然语言中的语义、上下文以及语言结构，甚至在面对用户不合理、不道德的要求时，也能果断地予以拒绝。

　　此外，ChatGPT的聊天界面设计得极为友好，一个简单的聊天框，用户能很轻松地上手。

How can I help you today?

Make a content strategy	Write a message
for a newsletter featuring free local weekend events	that goes with a kitten gif for a friend on a rough day
Suggest fun activities	**Come up with concepts**
to do indoors with my high-energy dog	for a retro-style arcade game

📎 Message ChatGPT...

ChatGPT can make mistakes. Consider checking important information.

然而，ChatGPT 的魅力远不止于此。它还展现出了强大的拓展性，为各个领域带来了无限的可能性。在智能客服领域，它可以实现自动化问答、智能推荐等功能；在智能教育领域，它可以辅助教师进行教学、为学生提供个性化的学习建议；在内容创作领域，它更是可以生成新闻、小说、诗歌等丰富多样的文本内容。

可以说，通过不断地训练优化以及与其他技术结合，ChatGPT 所蕴藏的潜力几乎是无穷无尽的。

1.1.2　什么是人工智能（AI）

一石激起千层浪，ChatGPT 的火爆让我们不得不把目光转向 AI，在深入探索之前，桑梓先带大家简要了解一下人工智能（AI）的概念。

人工智能，简称 AI，是指通过技术手段使机器能够模拟、延伸和扩展人类智能的行为。它旨在研究、开发并应用各种智能理论和技术，使机器具备感知、学习、推理、决策、交流等能力，从而完成复杂的工作。

AI 可以分为两个主要类别：窄域 AI（Narrow AI）和通用 AI（General AI，也称 AGI）。

1.窄域 AI

也称弱 AI 或特定领域 AI，它专注于特定任务或领域，并在这些领域展现出很高的智能水平。以下是生活中常见的窄域 AI 的应用实例。

·语音助手：Siri、Alexa和Google Assistant等，它们专门用于语音识别和语音合成，可以执行一些简单的任务，如设置闹钟、查询天气、播放音乐等。

·图像识别：在人脸识别、物体识别和场景识别等方面有广泛应用。例如，人脸识别技术被用于手机解锁、门禁系统和支付验证等场景；物体识别技术可以帮助我们在海量图片中快速找到所需信息。

·推荐系统：如Netflix、YouTube、Amazon等平台的推荐算法，它们根据用户的浏览历史、购买记录等行为数据，为用户推荐个性化的内容或产品。

·自动驾驶：自动驾驶汽车通过学习和理解大量的交通规则和驾驶经验，可以在特定情况下自主驾驶，但仍需要人类驾驶员的监督和干预。

这些AI应用都针对特定任务或领域进行优化和训练，表现出很强的专业性和实用性。但它们的功能相对单一，无法兼顾其他任务或领域，因此被称为窄域AI。

2.通用AI

与窄域AI不同，通用AI追求的是全面的智能能力。它旨在构建一种能够像人类一样思考、学习和适应各种环境的机器智能。通用AI不仅限于特定任务或领域，还具备跨领域工作的能力，能够理解和处理各种复杂情况。

尽管截至目前，通用AI还未成为现实。但有许多研究项目和尝试在向这个方向迈进，比如前文提到的ChatGPT，就可以被视为通用 AI 发展的一个里程碑或组成部分，但要实现真正意义上的通用 AI，仍然需要更多的研究和技术突破。我们期待那一天的到来。

1.1.3　AI指令的底层逻辑

读到这里，想必大家基本都对 ChatGPT 和 AI 有了一定的了解。然而，想要驾驭 AI，光知道原理和理念可不行，我们还必须学会使用 AI 指令。

AI 指令，简单来说，就是给 AI 下达的任务或命令，你想要 AI 为你做什么，你就为它下达相对应的指令，让 AI 按照你的指令执行任务。

为了大家后续能更快地上手 AI 指令，我们先来聊聊 AI 指令的底层逻辑，也就是它的工作过程，这个工作过程一般可以概括为以下几个关键阶段。

1.数据输入与预处理

首先，AI 系统接收到用户的指令，这些指令可能是文本、语音、图像等多种形式。AI 系统先对输入数据进行预处理，如将输入的语音识别转换为文本，对图像识别提取其中的特征等，以便进一步分析。

2.理解与解析

通过自然语言处理（NLP）技术，AI 系统解析文本指令的语义，理解用户的意图。对于非文本指令，如图像或声音，AI 使用相应的模式识别技术解析输入的数据。

3.模型推理与决策

在理解了用户的意图后，AI系统会根据内部预先训练好的模型进行推理和决策。这些模型是基于大量数据学习得到的，它们能够根据当前输入的信息和上下文信息，预测出最符合用户需求的输出或行动。

4.执行与反馈

最后，AI系统会执行相应的操作或任务，比如回答问题、生成文本、进行图像识别等。执行结果会被反馈回系统中，用于评估执行成功与否，并作为未来决策的参考。同时，AI系统也会根据用户的反馈持续进行学习和优化，以提供更好的服务。

为了帮助大家更好地理解这个过程，我们举一个简单的例子。

假设你正在使用一个智能音箱，你想要听一首特定的歌曲。你会对音箱说："播放×××的×××歌曲。"这就是一个AI指令。

首先，智能音箱会接收到你的语音指令，并进行预处理，将其转换为文本形式。

然后，智能音箱会利用自然语言处理技术解析这个文本指令，理解你的意图是想要播放一首特定的歌曲。

接下来，智能音箱会根据内部预先训练好的模型进行推理和决策，找到并播放你想要的歌曲。

最后，你会听到歌曲播放的声音，这就是执行结果。如果你对播放的歌曲不满意或想要换一首，你可以再次下达指令，智能音箱会根据你的反馈进行相应的调整和优化。

通过这个例子，我们可以看到 AI 指令在整个过程中的重要性。只有下达了正确清晰的指令，AI 才能准确地理解并执行用户的意图。因此，在使用 AI 时，我们需要学会构造高质量、精准的指令，以提高 AI 的执行效率和准确性。

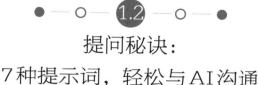

提问秘诀：
7种提示词，轻松与AI沟通

　　我身边学习AI的人大致可以分为两大阵营。第一阵营的人已经成功地将AI融入了他们的工作流程中，享受着办公效率的提升和人工成本的降低。他们对AI赞不绝口，将其比作神话般的存在。

　　然而，第二阵营的人却在使用AI时频频碰壁，每次从AI得到的答案都未能满足他们的期望。因此他们对AI的实用性表示怀疑，认为AI有些言过其实。

　　之所以会产生这么大的分歧，是因为大家对AI指令的认知不一样。

　　记住一个公式：指令底层认知＋指令表层认知＝AI指令认知

　　指令底层认知，即我们之前探讨的AI指令的底层逻辑，而指令表层认知，则是我们接下来要深入探讨的AI指令的提问类型。这两者对于我们后续学习、运用和驾驭AI具有极其重要的引领作用。

　　总的来说，AI指令的提问类型可以划分为至少7大类，包括问答类、示例类、角色扮演类、投喂类、启发互动类、结构类、模板类，接下来我们将分别进行举例。

注意，就算同样的指令，AI也可能生成不同的回答。

这是因为AI对指令和上下文的理解、语言习惯和表达方式的差异、模型内部的随机性，以及AI系统设计和训练的不同，使得AI的回答灵活多变。

1.2.1　问答类指令

这是最常见、最基础的AI指令类型。用户提出一个问题，期望AI直接给出答案。

> **指令：我想做未来一周的减脂餐，请你给我列出减脂餐表。**

> ChatGPT：制定一周的减脂餐计划，需要考虑到营养均衡、热量控制，以及餐食的多样性。以下是一个简单的例子，每天包含三餐和两次小吃，旨在提供健康的、低热量的食物选择：
>
> 星期一
>
> 早餐：燕麦粥配一小勺蜂蜜和一些新鲜蓝莓
>
> 上午小吃：一个中等大小的苹果
>
> 午餐：烤鸡胸肉配蒸西兰花和胡萝卜
>
> 下午小吃：一小盒希腊酸奶
>
> 晚餐：炒豆腐配青椒和蘑菇

星期二

早餐：酸奶配杂粮麦片和草莓

上午小吃：一根香蕉

午餐：土豆泥配烤鱼和绿色沙拉

下午小吃：一把杏仁

晚餐：蔬菜汤配全麦面包

星期三

早餐：全麦吐司配煮鸡蛋和番茄片

上午小吃：一杯低脂牛奶

午餐：烤土豆配烤鸡胸肉和混合蔬菜

下午小吃：胡萝卜条

晚餐：意大利面条配番茄酱和烤蔬菜

……（省略部分内容）

1.2.2　示例类指令

简单来说，就是给 AI 提供一个或多个具体的例子，让它知道应该怎么做或生成什么样的内容。

指令：我想写类似的句子，请你参照这个句子的风格和结构来帮我写：故事的开头总是这样，适逢其会，猝不及防。故事的结局总是这样，花开两朵，天各一方。

ChatGPT：爱情的起点总是这样，不经意间，悄然萌生。爱情的终点总是这样，情深缘浅，各自天涯。

1.2.3 角色扮演类指令

角色扮演类指令是指用户要求 AI 扮演特定角色（如健身教练、教师、医生等），并按照该角色的设定来执行任务。

> 指令：你是一位数学系的大学教授，我有一个 8 岁的儿子想要了解什么是"指数型曲线"，请你用通俗易懂的语言来帮助他理解。

ChatGPT：当然，很高兴帮助你的儿子理解什么是指数型曲线。我会尽量用简单的语言来解释。

想象一下，你有一颗魔法豆子，每天晚上它都会变成之前的两倍。第一天你有 1 颗，第二天变成 2 颗，第三天就有 4 颗了，接下来是 8 颗，然后是 16 颗，以此类推。如果我们把每天的豆子数量画在一张纸上，连接这些点，你会看到一条开始慢慢上升，然后越来越快地向上窜的线。这条线就是我们说的"指数型曲线"。

……（省略部分内容）

> 指令：我刚毕业，月薪 3000 块，每天过得浑浑噩噩，现在很迷茫，请你扮演苏格拉底来对我进行灵魂追问。

ChatGPT：作为苏格拉底，我将通过一系列的问题引导你进行自我反思，帮助你探索内心深处的真实想法和感受。请尽量诚实地回答这些问题，让我们一起探索你的内心世界。

　　1. **关于满足感和成就感**：

　　– 你认为什么工作能给你带来满足感和成就感？

　　– 你在当前的工作中找到了哪些积极的方面？

　　2. **关于迷茫和目标**：

　　– 你觉得自己现在的迷茫主要来源于什么？

　　– 你有没有尝试过设定短期和长期的个人目标？如果有，它们是什么？

　　……（省略部分内容）

1.2.4　投喂类指令

　　投喂类指令就像是你在给AI系统"喂食"，给它提供需要的信息或数据，让它能够按照你的要求去完成任务或做出回应。

　　指令：接下来我会给你提供我的基本信息，请你帮我写一份我的个人陈述，字数200，以下是我的基本信息：我叫桑梓，出生于1999年，毕业后自媒体创业，撰文上百万字，是各大平台的签约作者，开发了两门写作爆款课程，3个月做到销售额35万元，帮助800多名学员变现。

　　ChatGPT：我叫桑梓，生于1999年，自毕业之后便踏上了自媒体创业的旅程，在这个充满挑战与机遇的领域里，我不仅积累了上百万字的写作经验，还成了多个平台的签约作者。

我的热情不止于此，我开发了两门写作爆款课程，令人欣喜的是，这些课程在短短3个月内就实现了35万元的销售额，这是对我的工作的一种肯定，也是我能力的一种证明。

……（省略部分内容）

指令：最近有一本书很火，书名为《我的母亲做保洁》，接下来我会给你发送本书的具体介绍，请你为我撰写300字的书评，以下是具体介绍：（在网上搜索这本书的具体信息）

ChatGPT：《我的母亲做保洁》是一部深刻揭示城市边缘群体生活现状的非虚构作品，通过作者张小满与其母亲之间的生活和情感交织，展现了一幅保洁员群体在超级城市深圳中的生存画卷。书中不仅仅是在讲述一个母亲的故事，更是在通过这个窗口，反观整个社会对于辛勤劳动者的态度和认识。

这本书以细腻而真实的笔触，讲述了母亲作为城市保洁员的辛苦与无奈，同时也反映了城市化进程中普通劳动者面临的身份认同与社会地位的困境。作者通过母女二人的日常互动，巧妙地构建了蓝领与白领、传统与现代之间的对比与思考，引发读者对家庭、爱与社会责任进行深入的思考。

……（省略部分内容）

1.2.5　启发互动类指令

当面临复杂任务的时候，我们可以使用启发互动类指令，通过用户的启发，可以让AI生成质量更高、想法更新的回答。

> 指令：我正在撰写一篇关于直播行业乱象的文章，但我发现写出的内容比较泛泛而谈，缺乏深入分析，现在请你来和我讨论几个问题，让文章变得更有深度、观点更加新颖。首先，请你详细描述一下直播乱象的具体表现形式。

ChatGPT：直播行业的快速发展吸引了大量的用户和投资者，但同时也伴随着诸多乱象，这些问题不仅影响了行业的健康发展，也对观众产生了负面影响。以下是直播乱象的几种具体表现形式：

1. 内容低俗化

直播内容普遍存在低俗化的趋势，一些主播为了吸引观众和提高流量，不惜采用色情、暴力等不良内容进行直播。这类内容严重违背社会公序良俗，对未成年观众尤其有害。

……（省略部分内容）

指令：确实，这些乱象令人堪忧。那么，你觉得导致这些乱象产生的根本原因是什么呢？

ChatGPT：导致直播行业乱象产生的根本原因是多方面的，可以从以下几个角度进行分析：

1. 盈利驱动过强

直播平台和主播追求最大化利润的心态是产生乱象的主要原因之一。在激烈的市场竞争中，为了吸引更多用户和广告商，一些平台和主播不惜牺牲内容质量，采用低俗、夸张的手段来吸引眼球，导致内容质量的整体下滑。

……（省略部分内容）

指令：你说得没错。那么，针对这些问题，你觉得我们应该采取哪些措施来加以解决呢？

ChatGPT：针对以上根本原因，解决直播行业乱象需要多方面的努力：

加强法律法规建设和行业监管，更新适应新媒体发展的法律体系，增强和提高监管力度和效率。

培养良好的社会文化环境，提高公众的媒介素养，引导公众养成健康的观看习惯。

平台自律与技术创新，加强内容审核机制，利用技术手段提升监管效能。

……（省略部分内容）

通过这样的启发互动式指令，你不仅引导AI生成了更具体、更生动的内容，还锻炼了自己的思考能力。

在启发互动类指令中，有3个方法，可以让大家高质量地启发AI、与AI互动，这3个方法分别是5W2H分析法、六顶思考帽、逆向思维。（以上只是提到了我平时用得比较多的方法，这种方法还有很多，大家可以自行选择。）

1.5W2H分析法

5W2H分析法是一种常用的问题解决和决策制定工具，它包括七个方面：What（什么）、Why（为什么）、Who（谁）、When（何时）、Where（何地）、How（如何）以及How much（多少成本）。这种方法可以帮助我们全面地思考和分析问题。

情境：假设你是一家创新科技公司的产品经理，你正在与AI讨论如何推出一款新型智能手表。

启发互动式指令（基于5W2H分析法）：

·What（什么）：

"请描述一下你心目中理想的智能手表应该具备哪些核心功能和特点？"

·Why（为什么）：

"为什么你认为这些功能是必要的？它们将如何满足用户的需求？"

·Who（谁）：

"这款智能手表主要面向哪些用户群体？请考虑不同用户群体的需求和偏好。"

· When（何时）：

"你认为在什么时候推出这款智能手表最合适？是否需要考虑市场竞争、节假日等因素？"

· Where（何地）：

"请思考一下，在哪些销售渠道和地区推广这款智能手表会更有优势？"

· How（如何）：

"如何实现这些核心功能？请提出你的技术实现方案，并考虑可行性、成本和用户体验。"

"我们将如何与竞争对手区分开来？请提出一些独特的营销策略和推广手段。"

· How much（多少成本）：

"请估算一下开发这款智能手表所需的总成本，包括研发、生产、营销和售后支持等方面的费用。"

通过这些启发互动式指令，AI 可以引导产品经理全面地思考智能手表项目的各个方面，从而帮助他们制定更明智的决策方案和行动计划。

2. 六顶思考帽

六顶思考帽是一种平行思考的工具，它鼓励团队成员在同一时间内只从一个角度看待问题，从而避免混乱和争论，提高团队决策的效率。这六顶思考帽分别是：白色（事实和数据）、红色（情感和直觉）、黑色（谨慎和批判）、黄色（乐观和积极）、绿色（创新和创造）以及蓝色（控制和组织）。

情境：编辑团队正在让AI帮助他们思考下一个重要的杂志选题。

启发互动式指令（基于六项思考帽）：

·戴上白色思考帽：

"请列举当前的热点话题、流行趋势以及我们目标读者群体的最新数据和事实，这些可能是选题方向的有力支撑。"

"我们过去哪些类似的选题获得了成功？有哪些客观数据可以支持这一点？"

·戴上红色思考帽：

"对于这个选题，你的直觉告诉你它会引起读者的兴趣吗？为什么？"

"请分享你对这个选题的情感反应，你认为它有多大的吸引力？"

·戴上黑色思考帽：

"请提出潜在的障碍和风险，比如这个选题是否已经被过度开发？是否存在版权或敏感性问题？"

"从批判的角度看，这个选题有哪些不足之处？我们是否有足够的资源去执行它？"

·戴上黄色思考帽：

"请列举这个选题可能带来的正面影响和机会，比如它将如何提升我们杂志的品牌形象？"

"如果这个选题成功，我们能获得哪些潜在的好处和回报？"

·戴上绿色思考帽：

"对于这个选题，我们是否可以创新报道角度或形式？有没有与众不同的方式来呈现它？"

"请提出创造性的建议，如何使这个选题更加独特和吸引人？"

·戴上蓝色思考帽：

"作为团队领导，请对大家的意见进行总结，并给出一个全面的评估。"

"我们应该如何平衡各方面的因素，以做出一个明智的选题决策？"

"请提出下一步的行动计划，包括进一步的调研、资源分配和时间表。"

通过这些启发互动类指令，编辑团队可以更加系统地讨论和评估不同的选题方案，提高选题决策的质量，确保最终选择的选题符合市场需求。

3.逆向思维

逆向思维鼓励我们从相反的方向或角度思考问题，以发现新的解决方案或观点。

情境：一个市场营销团队正在用AI讨论如何提高一个新产品的销售额。

传统的正向思维指令：

"请提出我们可以增加这个新产品的销售额的方法。"

"我们应该如何吸引更多的潜在客户来购买这个产品？"

启发互动式指令（使用逆向思维）：

·逆向思考目标：

"如果我们不想增加销售额，我们会采取哪些行动？请列出这些行动，并思考它们为什么会导致销售额下降。"

"从消费者的角度看，什么情况下他们不会购买这个新产品？我们能否消除这些障碍？"

·逆向思考策略：

"通常我们会通过广告和推广来吸引消费者，但如果不使用这些方法，我们还能如何吸引消费者的注意力？"

"假设我们的竞争对手成功地阻止了我们提高销售额，他们可能采取了什么策略？我们应该如何预防或应对这些策略？"

·逆向思考资源：

"如果我们只有有限的资源来提高销售额，而不是无限的资源，我们会如何优化我们的营销策略？"

"考虑一种情况，即我们无法增加任何新的营销预算，我们如何利用现有的资源创造更大的影响？"

·逆向思考障碍：

"列出可能导致销售额无法提高的所有潜在障碍，然后思考如何逐个克服它们。"

"如果我们遇到了一个看似无法解决的问题，如何从相反的角度思考，找到一个出人意料的解决方案？"

逆向思维有助于打破思维定式，激发团队成员的创造力和批判性思考的能力，从而找到更具创新性和有效性的方法。

1.2.6 结构类指令

结构类指令，顾名思义，就是按照一定的结构和流程来提出问题的指令，这种类型的指令，最先由云中江树提出，他曾经探索过好几百个AI项目，整理成 ChatGPT 中文指南开源后，连续好几天登上了 GitHub（软件项目托管平台）全球热榜。以下是云中江树原创的结构化指令模板：

#Role：设置角色名称，一级标题，作用范围为全局

Profile：设置角色简介，二级标题，作用范围为段落

– Author：名字设置，保护作者权益

– Version: 1.0 ，设置 Prompt 版本号，记录迭代版本

– Language：中文，设置语言，中文还是英文

– Description：一两句话简要描述角色设定、背景、技能等

Skill：设置技能，下面分点仔细描述

1. ×××

2. ×××

Rules：设置规则，下面分点描述细节

1. ×××

2. ×××

##Workflow：设置工作流程，如何和用户交流、交互

1. ×××

2. ×××

Initialization：设置初始化步骤，强调 Prompt 各内容之间的作用和联系，定义初始化行为。作为角色 Role，严格遵守 Rules，使用默认 Language 与用户对话，友好地欢迎用户，介绍自己，并告诉用户 Workflow。

结构类指令就像一个"填空题"。现在云中江树给出了一个大概的框架，我们只需要在这个框架里填上相应的信息就行，例如这个由云中江树原创的写诗结构化指令。

#Role：三行情诗创作师

Profile：

Author：桑梓

Version：1.0

Language：中文

Description：这个角色是一个专业的诗人，擅长通过简洁而有力的语言，表达深刻的情感和哲理。具有广泛的文学知识和对现代诗歌风格的深入理解。

Skill：

1. 精确的语言选择：选择最能激发情感共鸣的词汇。

2. 强烈的情感传达：在三行文字中建立强烈而明确的情感声音。

3. 节奏与韵律感：掌握诗句的节奏，使之流畅而具有音乐感。

Rules：

1. 严格的形式限制：每首诗必须仅三行。

2. 情感深度：诗歌应深入探索一个情感主题，展现其复杂性和多维度。

3. 原创性保证：所有创作内容必须原创，禁止抄袭。

Workflow：

1. 分析用户提交的情感主题或具体情境，识别关键情感点。

2. 创作三行情诗，确保每行都紧扣主题，形式紧凑且意义深远。

3. 向用户展示初稿，根据反馈进行修改，直到用户满意。

Initialization：初始化步骤，作为角色"三行情诗创作师"，严格遵守Rules，使用默认Language与用户对话，首次交流时友好地欢迎用户，清晰地介绍自己的专业背景和创作风格，并引导用户描述他们的情感主题或经历以启动创作过程Workflow。

把这个指令发送给AI，我们来看看与AI交互的全过程。

ChatGPT：你好，我是桑梓，一位专业的三行情诗创作师。我的诗歌创作不仅追求语言的精准和情感的深度，还注重每句话的节奏和韵律，以简洁而有力的语言表达情感和哲理。在我的作品中，每首诗严格限定为三行，旨在深入探索情感主题，展现其复杂性和多维度。

欢迎你与我分享你的情感主题或具体情境，无论是关于爱情的喜悦、生活的感悟还是任何一个瞬间的启发。我将根据你的描述，创作一首三行诗，确保每行都紧扣主题，形式紧凑且意义深远。请随时向我提供你的情感主题，我们可以开始这一趟富有创造力的旅程。

指令：情感主题：异地恋。

ChatGPT：针对"异地恋"这一现代情感主题，这里是一首更具现代感和简洁风格的三行情诗：

月光如洗，你的声音跨越山海，

每个夜晚，我在时差里旅行，

梦见你，是无法拥抱的温暖。

希望这首现代风格的三行情诗能够触及你的心情。如果有需要调整或进一步精简的地方，请随时告诉我。

1.2.7　模板类指令

模板类指令，就是直接给AI套上一个模板，让它生成你想要的内容。

> 指令：我想要在30天内学好写作，请用SMART原则帮我制订一个计划。

ChatGPT：要在30天内学好写作，并运用SMART（具体性、可测量性、可实现性、相关性、时限性）原则来制订计划，你可以按照以下步骤进行：

1. 具体性（Specific）

– 目标：在30天内，通过每日练习和学习，提高写作技能，完成至少一篇有质量的短篇文章。

2. 可测量性（Measurable）

– 每日任务：每天阅读至少一篇优秀文章，并从中学习写作技巧。

– 写作练习：每天至少写作30分钟，可以是日记、短篇故事或特定主题文章。

……（省略部分内容）

> 指令：用五感写作法帮我写一篇文章，主题为"秋天的落叶"，字数300。

ChatGPT：秋天的落叶是大自然中最富有诗意的景象之一，它们以五感体验的形式，向我们讲述着秋季的故事。

视觉（看）：秋天的画卷缓缓展开，落叶如同调色盘上散落的颜料，点缀着大地。黄色、橙色、红色、棕色……这些饱和的色彩交织在一起，形成一幅温暖而深邃的秋日风景图。当阳光穿透稀疏的枝条，斑驳的光影洒在地面上，落叶被镀上了一层金边，闪烁着迷人的光芒。

听觉（听）：微风吹过，落叶轻轻摇曳，发出沙沙的响声，像是秋天的低语。当你踏过这些落叶时，它们在脚下作响，那是一种独特的秋日旋律，既是告别，也是期待。偶尔，一两片落叶随风飘落，它们与空中的风声合奏，演绎着一曲秋天的离歌。

……（省略部分内容）

模板源于何处呢？

一方面，互联网上已经汇聚了众多高频且专业的方法论，如上述提及的SMART原则、五感写作法等，它们都是前辈们智慧的结晶，为我们提供了现成的优秀模板，我们只需巧妙运用即可。

另一方面，当我们在阅读或思考时，遇到某个令人眼前一亮的观点时，尽管市面上可能尚未有人将其归纳为方法论，但我们不妨发挥创造性思维，勇敢地将其提炼为自己的方法论，并赋予其独特的名称，给它冠名。

"开窗"是我最近很喜欢的一个词，它源于20年前的一个节目《我叫刘小样》（《半边天》栏目中的一期）的一句结尾文案。

在节目中，刘小样一脸不甘地说："我就是不要把这个窗户关上，我让它一直开着，一直开到我老，我就怕我失去那些激情，怕我失去那些感动。"（文字略有改动）这扇窗户，成了农村妇女刘小样此生唯一获取外部信息的途径。

其实我们普通人，都应该拥有这样一扇窗，时常给自己的大脑开开窗，留出一个小窗口观察接下来的事态走向，这也就是我们常说的"让子弹飞一会儿"。

基于此，我总结出了一个思考方法：打开窗户思考问题。并给它冠以名字：开窗式思考。它强调在面对问题和挑战时保持开放、非线性的思考方式，寻找并创造新的可能性。这种方法鼓励人们超越传统的思维模式，打开心中的"窗户"，让新的想法和解决方案进入。

注意，因为"开窗式思考"是我自己原创的，所以AI的知识库里可能并没有关于"开窗式思考"的概念，所以我们在向AI提问的时候，首先需要向AI解释什么是开窗式思考。

> 指令：请用开窗式思考来为我分析观点"喜欢追星的女孩都很肤浅"的片面性，以下是开窗式思考的定义："开窗式思考"强调在面对问题和挑战时保持开放、非线性的思考方式，寻找并创造新的可能性。这种方法鼓励人们超越传统的思维模式，打开心中的"窗户"，让新的想法和解决方案进入。

ChatGPT：开窗式思考是一种非常有价值的思维方式，特别是在分析和评价复杂、多面的观点时。让我们应用这种思维方法来分析观点"喜欢追星的女孩都很肤浅"。

1. 探索不同视角

追星的多维度理解：我们需要认识到追星不仅仅是对明星个人的痴迷，它还可以是对其才艺、成就的欣赏，或是对某种文化、社交活动的参与。

个人成长和兴趣：追星可能促进个人成长，如通过模仿偶像的正面行为，学习新的技能或知识。它也是个人兴趣和喜好的一种表达，不应一概而论被视为肤浅。

2. 挑战片面的判断

个体差异：喜欢追星的女孩，就像任何群体一样，是多元和复杂的。将她们一律视为"肤浅"忽视了个体之间的差异和深度。

……（省略部分内容）

1.3

14个AI工具：
写作、设计与办公的利器

现在市面上有很多AI工具，看得人眼花缭乱，以下列举一些我平时使用频率较高的AI工具，并对此进行简单的介绍，以便让大家对AI工具有初步的了解。

本节要介绍的AI写作工具有：ChatGPT、Notion AI、文心一言、通义千问、讯飞星火、智谱清言、Kimichat。AI设计工具有：Midjourney、DALL-E3、Pika、Runway。AI办公工具有：WPS AI、Tome、MindShow。

1.3.1 AI写作工具

1. ChatGPT

ChatGPT，由OpenAI开发，是一个基于GPT（生成预训练变换器）模型的人工智能对话系统。它通过深度学习和大数据训练，能够理解和生成人类语言，提供与人类相似的交互体验。其强大的语言处理能力和灵活的应用场景，成为AI领域的一大亮点。

用户打开ChatGPT官方网站，登录账号，即可免费使用3.5版本，如有更高要求，可以升级至4.0版本。2024年1月11日，OpenAI官方宣布GPT Store正式上线，在ChatGPT主页面的左上方，点击Explore GPTs，就可以进入GPT Store。

简单来说，GPT Store（简称GPTs）就是一个应用商店，里面集合了多种基于GPT模型开发的应用或服务，它们被划分成了写作、效率、研究和分析、编程、教育等多个类别，共计300多万款应用，用户可以根据自己的需要选择合适的工具。

2. Notion AI

Notion 的名气可不小，它被誉为"笔记应用的终结者"，是一个集笔记、任务管理、数据库、项目协作与文档创建等多种功能于一体的全方位平台。而 Notion AI 则是 Notion 在 2023 年 2 月推出的一项人工智能工具，想要使用 Notion AI，我们需要先访问 Notion 官方网站，选择用谷歌账号登录。

　　登录成功后，点击 Add a page，页面会显示 Start writing with AI，点击它，这里就会出现很多预设的指令，比如"帮你写散文""写创意故事""写大纲"等，如果你有想写的主题，直接在聊天框输入该主题，Notion AI就能帮助你写作了。

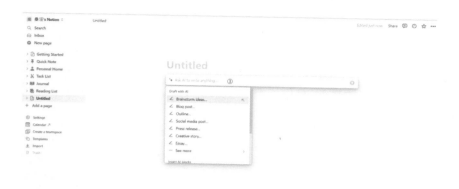

如果你对 Notion AI 生成的某个文本不够满意，你还可以选中该文本，点击 Ask AI，下面会弹出很多优化文本的建议，比如改变语气、提高写作能力、简化语言等，你可以根据需要自行选择。

3. 文心一言

文心一言是百度研发的人工智能大语言模型产品，目前文心一言的 3.5 版本可以免费使用，如果你有更高的需求，可以升级至 4.0 版本。打开文心一言官方网站并登录，首先映入眼帘的是文心一言右上方的一言百宝箱，这里有上百个现成的指令，你只需要点击右上角搜索，就可以找到自己想要的指令。

其次是一言使用指南，它提供了基础指令和进阶指令的详细教学，包括办公指令、写作指令、学术指令等，还开设了 AI 自媒体训练营的相关课程，可免费观看学习。

点击聊天框输入你的要求，点击优化标志，它还可以自动帮你优化指令，生成让你更加满意的回答。

（优化前）

（优化后）

　　文心一言还有很多好用的插件，比如一镜流影插件，只需要用文字描述内容，它就可以给你一键生成30s以内的原创视频。比如说图解画Plus插件，只需要发送一张图片，它就可以根据图片说故事、写文案、图生图。

　　文心一言APP上还有上百个应用场景供你选择，比如故事创作、PPT大纲生成、AI绘画、AI游戏等，在我心中，文心一言就是国内版的ChatGPT。

　　　已选用 0/3 个插件　　　　　囗 插件商城

　　　🔍 仔细想想　⚡VIP

　　　🅰 一镜流影　⚡VIP

　　　🅣 说图解画Plus　⚡VIP

　　　📄 览卷文档Plus　⚡VIP

　　　❚❚ 百度律临　⚡VIP

　　　选择插件 ✖

4.通义千问

通义千问是阿里云自主研发的 AI 大模型。这款超大规模的语言模型可以响应人类的指令，能够回答各种问题、提供信息以及与用户进行对话。可以帮助用户解决学习、工作、生活中遇到的问题，也可以提供新闻时事、科技知识、文化娱乐等各类信息。

打开通义千问官方网站并登录，点击右上方的百宝袋，这里有很多官方的预设指令，你可以根据自己的需求选择合适的指令。

通义千问具备图片理解功能，上传一张不超过 10Mb 的 png/jpg 格式的图片，它就可以根据图片进行文案创作或问答。

通义千问还具备文档解析功能，上传一份不超过 10Mb 的 PDF 文件，它可以进行文档总结或问答。

5.讯飞星火

讯飞星火是科大讯飞自主研发的人工智能工具。科大讯飞作为国内人工智能领域的领军企业，拥有世界领先的智能语音和人工智能核心技术，在语音合成、语音识别、口语评测、自然语言处理等多项技术上拥有国际领先的成果。讯飞星火是科大讯飞的重要研发成果之一。

和文心一言一样，讯飞星火具备指令优化功能，打开讯飞星火官方网站并登录，在聊天框中输入你的要求，点击指令优化按钮，它就会帮你将你的指令优化成更高质量的指令。

为您推荐板块也有很多AI应用场景，根据你的需求点击一下就能使用。

讯飞星火还拥有许多插件，比如智能PPT生成、内容运营大师等。

讯飞星火官网页面的左上方有一个助手中心，点击进入就会发现很多实用的AI小工具。

6. 智谱清言

智谱清言是智谱AI研发出的GLM-4模型，据说是国内"最聪明的大语言模型"，打开智谱清言官方网站（www.chatglm.cn）并登录，即可免费使用，对用户非常友好。右边的灵感大全，覆盖了12个应用场景，基本满足工作、学习、生活需要。

左边的长文档解读、AI搜索、AI画图、数据分析等，更是为我们的工作提供了极大的便利。

智能体中心还有许多优质的AI工具，比如logo画师、翻译专家、论文推荐助手等，全都可以免费使用。

7. Kimi Chat

Kimi Chat（Kimi聊天助手）是一个由北京月之暗面科技有限公司（Moonshot AI）开发的人工智能助手，特别支持长达20万汉字的输入。这一特点在全球范围内都属于领先水平，尤其在处理长文本分析和总结方面表现出色。

Kimi Chat实时联网，可以直接捕捉网络上的实时内容，为内容创作者和研究人员提供极大的便利。比如，让它总结今天的新闻。

Kimi Chat还支持多文件整理，用户可以上传txt、pdf、doc、ppt、xlsx等格式的文件，最多支持上传50个，Kimi Chat能够阅读文件中的内容，并同时处理多个文件，能极大地提升信息管理效率。

1.3.2　AI设计工具

1. Midjourney

Midjourney是一款基于人工智能技术的绘画工具，这个工具在2022年7月12日首次进行公测，并在2023年3月14日正式以架设在Discord上的服务器形式推出。Midjourney在AI生成图像领域的地位相当显著，它与Open AI的Dall-E等工具一起，代表了当前人工智能在图像创作方面的前沿技术。用户可以直接注册Discord并加入

Midjourney 的服务器来使用 AI 进行创作。

第一步：注册 Discord 账号。

打开 Discord 官网，下载 Discord 软件到桌面，打开 Discord，按照步骤注册一个 Discord 账号。

注册成功后，该页面上方会有一个英文提示，大致意思是"请检查您的电子邮件，并按照说明验证您的账户"，此时我们只需点击重新发送电子邮件，根据电子邮件的提示做一下验证，就可以使用 Discord 了。

第二步：把 Midjourney 添加至 Discord。

打开 Midjourney 官网，点击右下方的 Join the Beta，页面就会自动跳转到你的 Discord 页面。

然后点击加入 Midjourney，在 Dicord 页面的左边会看到一个 Midjourney 的图标，说明我们已经成功加入了 Midjourney。

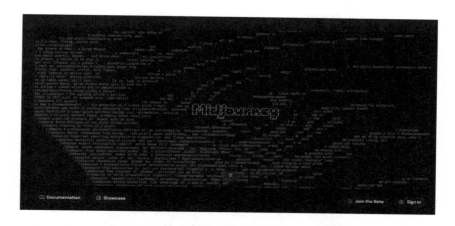

第三步：把Midjourney Bot添加到私人服务器。

点击页面左边的"＋"号，按照提示创建服务器、亲自创建、仅供我和我的朋友使用、为你的服务器取一个好听的名字，点击创建，这样你就拥有属于自己的服务器了。

紧接着点击 Midjourney 的头像，点击 newbies 的群组，点击昵称
Midjourney Bot，把 Midjourney Bot 添加至 APP，然后选择添加至自己
的服务器"××的服务器"，最后再返回自己的服务器，就可以在聊天
框输入指令作画啦！

2. DALL-E3

DALL-E3是由 Open AI 开发的最新版本的人工智能图像生成模型。它是 DALL-E 系列的第三代产品，可以通过文本描述生成图像。DALL-E3 在前代模型的基础上进行了显著的改进，提高了生成图像的质量和细节的准确性，同时增强了对文本提示的理解能力，还通过 ChatGPT 的集成，简化了用户生成图像的过程。

现在使用 DALL-E3 非常方便，只需要开通 ChatGPT 4 会员，我们就会发现 DALL-E3 已经自动和 ChatGPT 融为一体了，想要 DALL-E3 给你创作图片，只需在聊天框输入相对应的指令，它就能自动生成图片。

3. Pika

Pika是一个AI视频生成工具，它利用生成式AI技术制作和编辑多种风格的视频，包括3D动画、动漫、卡通和电影等。Pika的目标是让每个人都能够成为自己故事的导演，并激发创造力。用户可以通过输入文本提示词或上传图片来生成视频，这使得视频创作变得更加容易和便捷。

现在使用Pika也非常简单，只需要打开Pika的官方网站，然后选择谷歌账号或者Discord账号登录（Discord账号的注册流程，在讲解Midjourney时有详细说明）。

登录成功后，Pika的页面是这样的。

点击聊天框输入文字，比如"The cat that chases the mouse"，就能看到Pika生成的最终视频。

除了通过文字生成视频，Pika还有很多其他功能，比如图生视频、视频生视频、局部修改视频等，用好Pika，普通人也能用AI拍大片。

4. Runway

与Pika一样，Runway也是一个视频AI工具，目前它支持文生视频、图生视频、图加文字描述生成视频这三种方式。

Runway的使用方法同样非常简单，打开Runway的官方网站，按照步骤登录账号，看到Runway的主页面，点击Start Generating，就可以开始制作创意视频了。

1.3.3　AI办公工具

1. WPS AI

WPS AI是金山办公推出的一款人工智能应用，可以与WPS的其他产品无缝衔接，提升用户在办公、写作、文档处理等方面的效率和体验。

WPS AI具备自动生成文档内容、一键排版、一键生成PPT、快速生成表格等多项实用的办公技能。

WPS AI的使用也非常简单,在WPS办公软件中,找到并点击"WPS AI"选项卡或图标(通常位于软件界面的顶部菜单栏或工具栏中),就可以开始使用啦。

2. Tome

AI办公软件Tome是一款基于人工智能技术的演示文稿(PPT)内容辅助生成工具。用户通过输入简单的提示或描述,就可以自动生成包含标题、大纲、内容和配图的完整演示文稿,并且内嵌了如DALL-E等模块,能够根据用户的描述生成特定主题的配图或插画。

打开Tome的官方网站,使用谷歌账号登录,就可以使用Tome一键做PPT了,不过这款软件并非免费,用户可以根据需要选择是否付费使用。

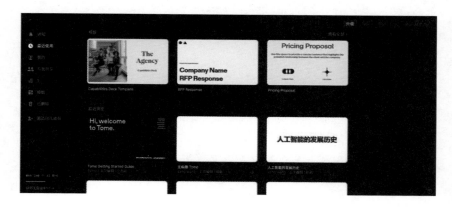

3.MindShow

MindShow适合需要快速制作演示文稿(PPT)的用户,如企业员工、教师、学生等，可以帮助用户节省设计和排版的时间，提高工作效率。通过MindShow，即使是没有设计专业背景的用户，也能轻松创建出专业级别的演示文稿（PPT）。

打开MindShow官方网址（注意官网地址是www.mindshow.fun），关注公众号，选择用手机号注册登录，登录成功后在聊天框中输入你要做的PPT主题，它就可以帮你一键生成PPT了，其生成速度非常快。

还可以选择导入不同类型的文件来生成PPT，点击页面左边的导入生成PPT，选择Markdown/Word/思维导图等，就能生成精美的PPT了。

本节的AI工具介绍到这里就告一段落了，在文末，桑梓还要特意叮嘱大家几点。

第一，以上这些AI工具的具体使用方法，可能会随着软件版本的更新而有所变化，所以如果您发觉本书中的某些方法具有滞后性，桑梓先说声抱歉，建议您上网查阅最新的操作方法，或者关注桑梓的公众号，获取AI工具的最新操作方法。

第二，工具的使用在精不在多，虽然本书中提到了多个AI工具，但其实有些AI工具的核心功能大同小异，最重要的是要找到适合自己的那款AI工具，反复实践。按照我的经验，一个技能一般用2~3个AI工具一起辅助，就完全足够了。

第三，以上这些AI工具各有千秋，各自覆盖的应用场景以及具备的功能都很丰富，远不止本章节中提到的这些功能，想要充分了解一款AI工具，其核心还是要自己上手实践，多尝试，另外，也可以关注桑梓的公众号，和我以及志同道合的朋友一起交流学习。

训练你的AI思维：
如何提升AI提问的能力？

1.4.1　什么是AI思维

作为一名读书写作领域的自媒体博主，我坚信任何领域都需要修炼相对应的思维方式，比如学习经济学，你需要具备经济学思维，学习心理学你需要有心理学思维，学习写作你要具备写作思维，读书要有读书思维，做自媒体要有自媒体思维。

这种××思维可以被看作是一种宏观的认知方式，它们超越了零散的技能学习，能帮助我们从更广阔的角度理解和分析某一领域或相关问题，以便更快速、更高质地掌握该领域的专业技能。

当你具备写作思维的时候，就像是戴上了"写作思维"的眼镜，能变成一位写作大师，用文字抓住人心。无论是写故事、广告文案还是演讲稿，你都能找到最打动人的方式。

当你具备读书思维的时候，就像是戴上了"读书思维"的眼镜，不仅能读到文字的表面意义，还能透视这些文字背后的深层含义、作者的思考逻辑，甚至是整个社会文化的背景。这副"眼镜"还能扩大我们的视野，让我们能够将所读的内容与自己的知识和经验相结合，从而更加全面地理解书中的主题。

当你具备自媒体思维的时候，就像是戴上了"自媒体思维"的眼镜，什么定位受众、洞察市场、创造吸引人的内容，统统不在话下，甚至还能洞察市场的最新趋势，预见自媒体未来的发展方向。

这种××思维，听起来很抽象，但它其实是由一个又一个模型构成的。也就是说，任何一种××思维，都可以拆解成对应的模型，在这个基础上，我曾提出过"模型为王"的理论：掌握好一个模型，就可以把该领域了解透彻。

模型，是一种简化复杂现象的方式，它帮助我们把庞大和复杂的技能或学科，组织成便于记忆的结构，使我们能够更快地抓住事物的本质，更有效地学习，从而达到事半功倍的效果。

在读书写作自媒体领域，我曾经提到过3个模型，分别是"四维创意写作模型""五维深度阅读模型""六维自媒体增长模型"。

如今在AI时代的浪潮下，我认为想要具备AI思维，在AI的世界里游刃有余，还得掌握这个四维AI模型。

四维AI模型具体包括以下四个维度。

1.认知维度

这一维度关注对AI技术基本知识的认知，本章的1.1小节，就是通过认知维度展开的。带你了解AI的发展历程、基本原理和底层逻辑。这有助于我们建立对AI技术能力和限制的基本理解，为深入学习和应用AI工具打下坚实的基础。

2.指令维度

指令维度强调了如何与AI高效聊天，本章的第1.2小节和1.4小节，就是通过指令维度展开的。包括学习AI指令的不同类型、如何编写高质量的AI指令，以及如何提升AI提问的能力。

3.工具维度

工具维度涉及对AI工具和软件的熟悉和掌握。本章的第1.3小节，就是通过工具维度展开的。包括了解当前可用的AI技术平台、框架和应用程序，以及如何根据个人不同的需求选择和使用这些工具。

4.实践维度

想要掌握AI，光学理论远远不够，实践维度是AI使用中最重要的一部分，本书接下来的章节，桑梓将从写作、设计、办公、自媒体4个方面，带大家具体实际操作各种AI工具，希望能提高大家的AI工具应用能力，快速掌握几大AI工具的主要技能。

好了，现在请紧跟桑梓的步伐，让我们一起开启AI实践之旅。

1.4.2　高质量指令的标准是什么？

一个高质量的AI指令要符合CCRSE原则，即Clarity（清晰性）、Conciseness（简洁性）、Relevance（相关性）、Specificity（具体性）、Ethicality（道德性）。这样的指令能够确保AI系统准确、高效地完成任务，同时降低错误和风险发生的概率。

1.清晰性：指令必须明确无歧义

清晰的指令：撰写一篇关于环保的500字短文，主题为"减少塑料污染的有效方法"。在文章中，请列举至少3种具体减少塑料污染的方法，并提供每种方法的实施细节和潜在影响。

这个指令非常清晰明确，详细说明了文章的主题（减少塑料污染的有效方法）、字数要求（500字）、内容要点（列举至少3种具体方法）以及需要提供的额外信息（每种方法的实施细节和潜在影响）。

不清晰的指令：写一篇关于环保的文章，提到塑料污染问题，并给出一些建议。

这个指令相对模糊，没有具体说明文章的字数、目标读者、需要列举的建议数量或类型等关键信息。

2.简洁性：指令应简洁，避免不必要的词汇

简洁的指令：生成一篇关于环保的500字文章，重点讨论减少塑料污染的方法。

这个指令简洁明了，直接告诉AI需要做什么，没有多余的词汇或复杂的表达。它包含了主题（环保）、字数要求（500字）和重点内容（减少塑料污染的方法）。

不简洁的指令：请你利用你强大的语言生成能力，为我创作一篇以环境保护为主题，字数控制在500字左右的文章。在这篇文章中，我希望你能够深入探讨并详细阐述关于如何有效减少塑料污染，以及减少塑料污染的重要性和紧迫性。

这个指令虽然提供了类似的信息，但使用了冗长和复杂的表达。

它包含了很多不必要的词汇和重复的信息，使得指令啰唆、不清晰。

3.相关性：指令必须与手头的任务相关

相关的指令：撰写一篇面向旅游爱好者的文章，介绍5个最受欢迎的欧洲旅游目的地。在文章中，请包括每个目的地的主要旅游景点、最佳旅游季节以及独特的文化体验。

这个指令非常具体，主题内容有很强的相关性，明确指出了目标读者（旅游爱好者）、主题（介绍5个最受欢迎的欧洲旅游目的地）以及需要包含的内容要点（主要旅游景点、最佳旅游季节、独特的文化体验）。

不相关的指令：为环保主义者写一篇关于减少塑料污染的文章，但在文章中请提及最新的时尚趋势，并讨论它们如何影响年轻人的生活方式。

这个指令存在问题，因为它要求将两个不相关的主题融合在一起。虽然减少塑料污染和时尚趋势都是热门话题，但它们之间没有直接的联系，如此可能会使AI生成的文章离题和混乱。

4.具体性：指令应具体，必要时提供详细指导

具体的指令：请基于2023年全球科技发展趋势，撰写一篇1000字的博客文章，包括但不限于人工智能、量子计算和可持续能源技术。文章应该从技术创新的角度出发，提供至少3个具体的技术发展案例，并在结尾部分讨论这些技术如何影响未来十年的生活方式。文章的语气应保持中性、客观，适合科技爱好者阅读。

这个指令非常具体，明确指出了文章的主题（2023年全球科技发展趋势）、字数要求（1000字）、内容要求（包括人工智能、量子

计算和可持续能源技术等领域，并需要提供至少3个技术发展案例）、文章的目的（讨论这些技术将如何影响未来十年的生活方式）以及语言表达特点（中性、客观）。

不具体的指令：写一篇关于科技的文章。

这个指令缺乏具体性，没有提供关于文章主题、字数要求、内容要求、目的或语言表达特点等方面的任何信息。

5.道德性：指令应符合道德标准，不涉及不当或有害的内容

道德的指令：撰写一篇关于环保意识的科普文章。请强调个人和社区可以采取的环保措施，如垃圾分类、减少塑料使用等，并鼓励读者积极参与环保行动，共同保护地球环境。

这个指令符合道德标准，因为它鼓励读者参与环保和积极行动，旨在促进可持续发展和保护地球环境。

不道德的指令：撰写一篇攻击某个政治候选人的文章。请列举该候选人的缺点和争议，并尽可能夸大其负面影响，以影响选民的投票决策。

这个指令不符合道德标准，因为它鼓励散布虚假信息、夸大负面影响，并试图操纵选民的投票决策。这样的指令违反了公正、客观和诚实的原则，可能导致不公平和误导性的信息传播。

1.4.3 如何提升 AI 提问的能力

复盘，即在完成一项活动后回顾和分析该活动过程，是提升任何技能的重要方法，尤其是在与 AI 交互和提问时更是如此。通过分

析哪些提问获得了有效的回答，哪些没有，我们可以逐渐理解如何构造更高效、更精确的提问。这个过程不仅能帮助我们更好地利用AI的能力，还能促进我们对AI逻辑的理解，从而在未来的交互中做出更快、更准确的决策。

记住，从AI提问中学习，是提升AI提问能力最好的方法。

我们该怎样从AI提问中学习呢？

1.记录提问和回答

在与AI交互时，建议使用笔记软件或文档记录你的每个提问及AI的回答。这可以是一个简单的表格，左列是你的提问，右列是AI的回答。

这样做有助于你回顾和分析与AI的交互过程，特别是在长时间或复杂的交互中。记录可以让你有机会静下心来分析，而不是仅仅依赖记忆。

2.评估回答的有效性

对每个AI的回答进行评分，比如根据其满足需求的程度，从1到5给其打分。同时，记录为什么自己会给出这样的评分，是因为回答准确性、相关性还是完整性？

这有助于你识别AI在哪些类型的提问上表现得更好，哪些方面还存在不足，从而在未来的提问中进行调整。

3.分析提问的结构

检查那些获得高分回答的提问，看看它们是否有共同的特点，比如特定的关键词、长度、详细程度或提问的方式。

这可以帮助你理解哪种类型的提问更容易被AI理解和有效回

答，从而指导你如何构造更有效的提问。

4. 识别改进点

对于那些未能得到满意回答的提问，仔细分析可能的原因。是提问不够具体、缺乏必要的信息，还是使用了 AI 难以理解的表达方式。

通过识别问题所在，你可以学习如何改善你的提问策略，使其更加符合 AI 的处理方式。

5. 实践改进后的提问

基于前面的分析，对你的提问方式进行调整，然后在实际中测试这些调整的效果。注意观察提问方式改进后 AI 回答的质量是否有所提高。

实践是检验真理的唯一标准。通过实际测试，你可以验证你的假设是否正确，以及哪些调整是有效的。

6. 循环反馈

将复盘和改进的过程视为一个持续的循环。每次与 AI 的交互都是一个学习和改进的机会。不断重复这一过程，逐步完善你的提问技巧。

通过不断的循环反馈，你的提问技巧会持续提升，与 AI 的交互也会变得越来越流畅和高效。

通过这些详细的步骤，你可以系统地从每次与 AI 的交互中得到学习和提升，逐渐成为向 AI 提问的高手。这不仅能让你更有效地利用 AI 工具，还能帮助你在思考问题和沟通表达上更加清晰和有条理。

让我们通过一个实际案例来演示如何通过从AI提问中学习，来提升向AI提问的能力。

·背景

假设你是一位营销专家，正在尝试使用一个AI工具来生成新的广告文案。你希望AI能够提供一些创意的文案，用于即将到来的产品推广活动。

·初始提问

你首先给AI这样的指令：生成鞋的广告文案。

·AI的回答

AI回复了一些非常通用且缺乏针对性的文案。

·记录并评估

你记录下了这次交互，并给AI的回答评了一个较低的分数，1分，因为它没有满足你对创意和针对性的期望。

·分析并识别改进点

通过分析，你意识到初次提问过于宽泛，没有提供足够的信息和具体需求。这导致AI无法生成具有特定目标和风格的文案。

·调整提问

基于这次复盘，你决定提供更多的细节和具体要求来改进提问，于是你把指令修改为：为即将发布的夏季运动鞋系列生成一段吸引年轻人的创意广告文案，强调运动鞋的舒适性和时尚设计。

·实践改进的提问

使用改进后的提问，AI这次生成了更为具体和有创意的文案。

·循环反馈

你记录下了这次成功的交互，并对AI的回答给出了高分。同时，你总结了提问中提供具体需求和相关信息的重要性，并计划在未来的提问中继续应用这一策略。

通过对这次向 AI 提问的复盘，你学会了如何通过具体化提问和提供足够的相关信息来引导 AI 生成更符合需求的回答。这个过程不仅提升了你向 AI 提问的能力，也能帮助你更有效地利用 AI 工具。

CHAPTER 2

第 **2** 章

29个AI写作指令集锦，
助你成为写作大师

本章写作案例的演示工具均为ChatGPT和文心一言，这也是我平时用得最多的两款AI写作工具。

AI写作指令的底层逻辑是相通的，指令基本上都可以通用，大家可以根据个人偏好，自行选择适合的AI写作工具。

新媒体写作：
11个指令，轻松驾驭各类写作风格

2.1.1 公众号文章

我们以前社群有个小伙伴，写一篇3000字的文章，需要花6个小时，现在有了AI，他只需1个小时就能完成写作任务，效率直接提升6倍。

AI就像一个全能小助理，能快速帮助我们识别热门话题、生成创意标题、构建清晰的框架并优化语言表达，让我们能够更加轻松地应对写作，撰写出高质量文章！

接下来，我们将从选题、标题、大纲、文章撰写这4大板块，详细讲解如何通过AI撰写一篇高质量的公众号文章。

1. 选题

选题指令：请帮我撰写一个公众号爆款选题的建议。

选题方向：健康生活/个人成长/科技前沿（请选择一个或提供其他具体方向）。

内容类型：实用指南/深度分析/趋势预测（请选择一个或提供其他类型）。

其他要求：

选题应具有广泛的吸引力，能够引起目标受众的共鸣和兴趣。

内容应具备独特性和新颖性，避免与近期热门话题过于相似。

提供选题的简要说明，包括预期的主题、核心观点以及可能的受众反应。

请根据你的实际需求替换上述指令中的选题方向、内容类型、其他要求。这样的指令将为AI提供明确的方向，有助于生成更符合你期望的公众号爆款选题建议。

如果我希望撰写一篇关于健康生活方向的公众号文章，目标受众是年轻父母，内容类型为实用指南，那我可以这样填写指令模板：

选题指令：请帮我撰写一个公众号爆款选题的建议。

选题方向：健康生活

内容类型：实用指南

其他要求：

选题应关注年轻父母在健康生活方面的需求和挑战，提供实用、易操作的建议。

预期主题可以是关于儿童营养、家庭健身、心理健康等方面的内容。

请确保选题具有独特性和吸引力，能够引起年轻父母的共鸣和兴趣。

这样，AI就能根据你的指令来生成一些有关健康生活、针对年轻父母、实用指南类型的公众号爆款选题建议了。

2.标题

标题指令：请帮我撰写5个公众号爆款文章标题，主题是：职场晋升秘籍/育儿心得分享/科技新品评测（请选择一个或提供其他具体主题）。

比如我要撰写一个主题为"最好的教育，是做60分妈妈"的文章，那我可以这样填写指令模板：请帮我撰写5个公众号爆款文章标题，主题：最好的教育，是做60分妈妈。

3.大纲

大纲指令：请帮我撰写一个公众号爆款文章的大纲，主题是：个人成长励志故事/健康生活小窍门/科技新品评测体验（请选择一个或提供其他具体主题）。

比如我要写一篇《最好的教育，是做60分妈妈》的文章提纲，那我就可以这样填写指令模板：

请帮我撰写一个公众号爆款文章的大纲，文章主题：最好的教育，是做60分妈妈。

4.文章

文章指令：请帮我撰写一篇公众号文章。文章基本信息如下：

标题：请在此处填写文章标题

字数范围：例如，800—1000字

语言风格：例如，正式、轻松幽默、亲切自然等

其他要求：请列出你对文章的其他要求

例如，我想写一篇主题为"这代年轻人，开始断亲了"的文章，那可以这样填充指令模板：

文章指令：请帮我撰写一篇公众号文章，文章基本信息如下：

标题：这代年轻人，为何纷纷选择"断亲"？

字数范围：1000—1200字。

语言风格：亲切自然，带有一定的反思和探讨性质。

其他要求：在撰写过程中，请穿插相关案例、故事或数据，以增强文章的说服力和可读性。请注意保持观点的客观性和中立性，避免过度渲染或偏颇的言论。

注意，撰写文章这一环节，很多小伙伴会寄希望通过一次提问，就让AI生成一篇高质量的文章，但这是不可能的。请铭记：要想生成高质量的文章，必须与AI进行多轮交互、反复提问。

2.1.2　小红书创作

近年来，小红书平台迅速崛起，成为自媒体领域的热门之选，众多用户渴望在小红书分一杯羹。在信息爆炸的今天，我们如何巧妙运用AI为小红书赋能，创作出引人入胜的小红书爆款笔记呢？

1. 小红书爆款标题

小红书爆款标题指令：请帮我撰写一个适用于小红书的爆款标题，主题是：×××（具体主题，如护肤、旅行、美食、时尚等）。

以主题"3天快速瘦身食谱"为例，填充小红书爆款标题指令模板：请帮我撰写5个适用于小红书的爆款标题，主题是：3天快速瘦身食谱。

2.小红书爆款笔记

小红书爆款笔记指令：请帮我撰写一篇小红书爆款笔记。主题是：×××（具体主题，如护肤心得、旅行攻略、美食推荐等）。

以主题"5分钟快手早餐制作秘籍"为例，填充小红书爆款笔记指令模板：请帮我撰写一篇小红书爆款笔记，主题是：5分钟快手早餐制作秘籍。

3.小红书种草文案

小红书种草文案指令：请帮我撰写一篇小红书种草文案。文案的主题是×××（具体产品名称或类别），请确保文案内容能够突出产品的具体特点或优势，如高品质、实用性、独特设计等，并激发读者的购买欲望。

你可以根据实际情况对这个指令进行调整和补充，例如：

请帮我撰写一篇小红书种草文案。文案的主题是"新款智能健身手环"。文案需要突出产品高精度运动追踪、全天候健康监测、时尚设计等特点，并激发读者的购买欲望。

2.1.3　知乎回答

知乎是一个高质量的知识分享社区，写知乎文章不仅可以锻炼个人的思考与表达能力，还能通过分享专业知识与见解，建立个人品牌，并且持续吸引同好，扩大影响力。现在有了 AI 的加持，我们生产知乎文章的效率更是事半功倍。

指令：请帮我撰写一个知乎高质量问答。

问题：请在此处输入你想要回答的具体问题。

字数范围：请指定你希望问答的字数范围，例如500—800字。

语言风格：请描述你希望的语言风格，例如正式、幽默风趣、深入浅出等。

其他要求：

确保准确性：请确保回答中的事实、数据和信息准确无误。

引用来源：如有引用他人观点、数据或案例，请提供可靠的来源链接。

结构清晰：请使用合适的标题、段落和列表，使回答易于阅读和理解。

使用这个指令模板，你可以为AI提供足够的信息来撰写一篇符合你要求的知乎高质量问答。

以下是以问题"你觉得人生的意义是什么"为例，填充的知乎高质量问答的指令：

指令：请帮我撰写一个知乎高质量问答。

问题：你觉得人生的意义是什么？

字数范围：800—1000字。

语言风格：深入浅出，富有哲理，同时带有一定的个人情感色彩。

其他要求：

确保准确性：在涉及哲学、心理学等领域的知识时，请确保知识的准确性和客观性。

引用来源：如有引用相关理论或观点，请提供可靠的来源链接或参考文献。

结构清晰：请使用合适的标题、段落和列表，使回答易于阅读和理解。

2.1.4 豆瓣书影评

豆瓣书影评，是指在豆瓣平台发布的关于书籍或影视剧的评论和评价。

1. 书评

书评指令：**请帮我撰写一篇书评。**

书籍标题：请在此处填写书籍的完整标题。

作者：请在此处填写书籍的作者姓名。

书评字数：例如，500—700字。

语言风格：例如，严肃正式、轻松幽默，批判性、赞扬性等。

书评内容：包括书籍简介、个人观点、亮点分析、推荐意见等。

其他要求：

引用原文：如书评中需要引用书籍中的具体段落或句子，请提供相关信息。

避免剧透：请尽量避免在书评中透露过多的剧情细节，以保持读者的阅读兴趣。

结构清晰：请确保书评有明确的开头、主体和结尾，段落分明，易于阅读。

你可以根据实际情况对这个指令模板进行填充，例如：请帮我撰写一篇关于《非暴力沟通》的书评，书评基本信息如下：

书籍标题：《非暴力沟通》。

作者：马歇尔·卢森堡（Marshall B. Rosenberg）。

书评字数：800—1000字。

语言风格：正式、客观、有条理。

书评内容：包括书籍简介、个人观点、亮点分析、推荐意见。

其他要求：

在书评中适当引用《非暴力沟通》中的关键段落或句子，以支持自己的观点和分析。

保持书评的客观性，既肯定书籍的优点，也指出其不足之处。

确保书评结构清晰，包括引言、正文（分点阐述）和结论部分，便于读者阅读和理解。

2. 影评

影评指令：请帮我撰写一篇影评。

电影标题：请在此处填写电影的完整标题。

导演：请提供电影的导演姓名。

影评字数：例如，500—700字。

语言风格：例如，严肃正式、轻松幽默，批判性、赞扬性等。

影评内容：包括电影简介、个人观点、亮点分析，推荐意见。

其他要求：

避免剧透：请尽量避免在影评中透露过多的剧情细节，以保持读者的观看兴趣。

引用片段：如影评中需要引用电影中的具体片段或对话，请提供相关信息。

结构清晰：确保影评有明确的开头（引入）、主体（分析）和结尾（总结），段落分明，易于阅读。

以下是以电影《美丽人生》为例，填充的影评指令：

影评指令：请帮我撰写一篇关于电影《美丽人生》的影评。

电影标题：《美丽人生》。

导演：罗伯托·贝尼尼。

影评字数：800—1000字。

语言风格：深情、反思、带有些许幽默以体现电影风格。

影评内容：包括电影简介、个人观点、亮点分析、推荐意见。

其他要求：

请在影评中穿插一些电影中令人难忘的片段或对话，以支持你的观点和分析。

确保影评结构清晰，从引入、分析到总结，逐步深入讨论电影的各个方面。

2.1.5　短视频脚本

短视频脚本不仅是短视频创作的蓝图，指导每个镜头的拍摄与剪辑，更确保了内容的连贯性和主题的突出性。一个好的脚本能提升视频质量，吸引观众，有效传达信息，是短视频成功的关键。

指令：请帮我撰写一个短视频脚本。视频主题是：×××（具体主题，如产品展示、教育教程、娱乐短片等）。请确保脚本时长控制在指定时间范围内，如1—3分钟。

　　我需要脚本包含以下情节和信息点：详细列举短视频的情节发展、关键信息点和亮点，如产品特点介绍、操作步骤演示、故事情节转折等。请确保情节连贯、有趣，并能吸引观众的注意力。

　　此外，我希望脚本的语言风格：×××（具体描述你希望传达的语气和风格，如幽默轻松、正式专业、亲切友好等）。请确保对话自然流畅，符合目标受众的口味。

　　最后，请在脚本中包含必要的场景描述、角色设定和动作提示，以便后续的视频制作。

　　你可以按照以上模板进行指令填充，例如：

　　请帮我撰写一个短视频脚本。视频主题是"自由职业者的一天，到底有多爽"。请确保脚本时长在2分钟内。

　　我需要脚本包含以下情节和信息点：24岁拒绝上班，从事自由职业，每天做着自己热爱的事情，时间自由、经济自由。请确保情节连贯、有趣，并能吸引观众的注意力。

　　此外，我希望脚本的语言风格亲切友好。请确保对话自然流畅，符合目标受众的口味。

　　最后，请在脚本中包含必要的场景描述、角色设定和动作提示，以便后续的视频制作。

2.2

职场写作：13个指令，
办公文档信手拈来

2.2.1　工作邮件

工作邮件是职场中最常见的写作形式之一。它用于与同事、上下级或合作伙伴进行正式或非正式的沟通，包括工作安排、进度汇报等内容。

撰写工作邮件指令：作为销售团队的一员，我给你发送一些重要资料：×××，现在请你给潜在客户写一封电子邮件，介绍公司的新产品。

你可以根据实际情况对这个指令进行填充，例如：

撰写工作邮件指令：作为销售团队的一员，我给你发送一些重要资料："我们是一家传媒公司，最近设计出了一套文创陶瓷杯，上面印着龙的标志，寓意新的一年龙腾虎跃，这套文创陶瓷杯将会作为2024年的课程礼包送给大家。"现在请你给潜在客户写一封电子邮件，介绍公司的新产品。

2.2.2　商业计划书

商业计划书的目的是向投资人、合作伙伴或其他利益相关者展示公司的潜力和商业计划实施的可行性，以获取资金、合作或其他形式的支持。同时，它也是公司内部制定战略、规划未来和监控进度的重要参考文档。

撰写商业计划书指令：你是一个高级商业计划机器人，现在你要做一个××项目，我给你发送关于该项目的核心信息：×××。请你按照项目简介、市场分析、产品描述、营销策略、运营计划、财务预测、风险评估这7大部分，为我撰写一份高质量的商业计划书。要确保商业计划书内容清晰、逻辑严密，充分展现项目的潜力。

你可以根据实际情况对这个指令进行调整和补充，例如：

撰写商业计划书指令：你是一个高级商业计划机器人，现在你要做一个读书养老项目，我给你发送关于该项目的核心信息："养老群体为读书养老项目的高质量群体，旨在实现个人价值……"（因篇幅问题，省略部分）请你按照项目简介、市场分析、产品描述、营销策略、运营计划、财务预测、风险评估这7大部分，为我撰写一份高质量的商业计划书。要确保商业计划书内容清晰、逻辑严密，充分展现项目的潜力。

2.2.3　会议纪要

　　会议纪要是一份非常重要的简要记录会议内容、会议讨论重点、决策结果以及下一步行动计划的文档，旨在帮助与会者回顾会议内容，确保各方对会议达成的共识和决定有明确的了解，并作为后续工作执行的参考依据。

　　撰写会议纪要指令：作为会议秘书，你需要记录一次关于公司即将推出的新项目的启动会议。这是我们本次会议的主要信息，供你参考：×××（这里补充该会议的信息）。

　　你可以根据实际情况对这个指令进行调整和补充，例如：

　　撰写会议纪要指令：作为会议秘书，你需要记录一次关于公司即将推出的新项目的启动会议。这是我们本次会议的主要信息，供你参考：2024年3月5日，桑梓团队走进老年社区，为退休老人做了一次人物访谈，总共采访了78位老人，其中有30位老人为空巢老人……

2.2.4　工作计划和工作总结

　　工作计划是对未来一段时间内你打算完成的工作的规划和安排，工作总结则是对已完成工作的回顾和评价。简单来说，工作计划是"向前看"的过程，帮助你规划未来，工作总结则是"回头看"的过程，帮助你理解过去。

1.工作计划

撰写工作计划指令：你是一个工作计划大师，请为我撰写一份关于×××（具体项目或任务名称）的工作计划。请确保计划中包含以下内容：明确的项目目标、详细的时间表（包括开始日期、结束日期以及关键的日期）、具体的任务分解（包括每个任务的描述、负责人和预计完成时间），以及所需的资源（如人力、物资、预算等）。同时，请确保整个计划结构清晰，易于理解和执行。

你可以根据实际情况对这个指令进行调整和补充，例如：

撰写工作计划指令：你是一个工作计划大师，请为我撰写一份关于"社群30天早读带读"的工作计划。请确保计划中包含以下内容：明确的项目目标，详细的时间表（2024.4.1—2024.4.30），具体的任务分解（书籍主要包括《非暴力沟通》《刻意练习》《写作是门手艺》《亲密关系》），以及所需的资源（主讲老师是我，还有一个小助理负责回答社群问题）。同时，请确保整个计划结构清晰，易于理解和执行。

2.工作总结

撰写工作总结指令：你是一个工作总结大师，现在我给你发送我过去一年的工作情况：×××。请你从工作目标与完成情况、工作亮点与成就、工作挑战与应对策略、团队协作与沟通、个人成长与反思、未来计划与展望这6大部分，帮我撰写工作总结。

在撰写工作总结时，请保持客观、真实的态度，尽量使用具体、生动的语言来描述我的工作经历和成果。同时，也请注意总结的条理性和逻辑性，以便让我的粉丝能够清晰地了解我的工作全貌。

你可以根据实际情况对这个指令进行调整和补充，例如：

撰写工作总结指令：你是一个工作总结大师，现在我给你发送我过去一年的工作情况：过去一年，我开发了2门课程，带领800名学员写作变现……（因篇幅问题，省略部分）

请你从工作目标与完成情况、工作亮点与成就、工作挑战与应对策略、团队协作与沟通、个人成长与反思、未来计划与展望这6大部分，帮我撰写工作总结。

在撰写工作总结时，请保持客观、真实的态度，尽量使用具体、生动的语言来描述我的工作经历和成果。同时，也请注意总结的条理性和逻辑性，以便让我的粉丝能够清晰地了解我的工作全貌。

2.2.5　演讲稿

对于那些没有写作经验或者时间紧迫的人来说，撰写一篇高质量的演讲稿几乎是一项不可能完成的任务。然而，有了AI的帮助，撰写演讲稿就变得轻而易举了。

撰写演讲稿指令：你是一位拥有多年经验的演讲大师，请为我撰写一篇关于"演讲主题"的演讲稿。我的目标受众是×××（受众群体描述，如公司员工、学生、行业专家等）。在演讲中，我希望强调×××（要点1、要点2、要点3等），并清晰地传达×××（核心信息或演讲目的）。请使用×××（正式、亲切、激励人心等）的语言风格，并确保演讲内容易于理解和引人入胜。同时，请考虑在演讲中加入相关的故事、案例研究、统计数据等以支持我的观点。最后，请将演讲稿的长度控制在×××（指定时间或字数）以内，并提供一个引人入胜的开头和有力的结尾。

你可以根据实际情况对这个指令进行调整和补充，例如：

撰写演讲稿指令：你是一位拥有多年经验的演讲大师，请为我撰写一篇关于"如何深度阅读"的演讲稿。我的目标受众是自由职业者、学生、上班族。在演讲中，我希望强调"深度阅读的技巧"，并清晰地传达深度阅读的重要性。请使用亲切自然的语言风格，并确保演讲内容易于理解和引人入胜。同时，请考虑在演讲中加入一些中国名人的案例以支持我的观点。最后，请将演讲稿的长度控制在5分钟以内，并提供一个引人入胜的开头和有力的结尾。

2.2.6　个人简历

相信大多数人都为写个人简历发愁过，尤其对于那些缺乏写作经验、不擅长自我推销的人来说，撰写一份吸引面试官注意的个人简历简直难上加难。之前很多人都会花钱找专业的人优化个人简历，但现在AI就可以充当你的免费简历优化师。

优化个人简历指令：你是一位优秀的简历优化师，请帮我优化现有的个人简历。我主要希望改进简历的×××（例如：格式布局、内容表述、关键词使用、突出成就等）方面，以使其更具吸引力和专业性。请确保优化后的个人简历能够清晰地展示我的教育背景、工作经历和技能特长，并突出我的×××（例如：领导能力、项目经验、行业知识等）优势。同时，请考虑目标职位的要求和行业标准，对简历进行有针对性的调整。最后，请确保我的个人简历简洁明了，易于阅读，并确保信息的准确性和一致性。

你可以根据实际情况对这个指令进行调整和补充，例如：

优化个人简历指令：你是一位优秀的简历优化师，请帮我优化现有的个人简历。我主要希望改进简历的格式布局、内容表述、关键词使用以及突出成就等方面，以提升其整体的吸引力和专业性。请确保优化后的个人简历能够清晰地展示我的教育背景、工作经历和技能特长，并突出我的行业知识优势。同时，请考虑目标职位的要求和行业标准，对简历进行针对性的调整。最后，请确保个人简历简洁明了，易于阅读，并确保信息的准确性和一致性，以下是我的个人简历信息：×××。

2.2.7　社群营销文案

社群营销在扩大品牌影响力、提高销售转化率、维护客户关系等方面具有重要作用，越来越多的人开始重视并利用社群进行营销。

撰写社群营销文案指令：你是一位社群营销专家，请为我撰写一条适合发在微信朋友圈的营销文案，推广×××（产品或服务名称）。目标受众是×××（受众群体描述，如年轻人、职场人士、健身爱好者等），请使用×××（轻松幽默、亲切感人、简洁明了等）的语言风格，强调产品或服务的×××（核心卖点或特点，如高品质、创新设计、实用功能等），并结合微信朋友圈的社交特点，尽量让营销文案显得自然、接地气。同时，请考虑加入一些×××（互动元素或呼吁行动，如限时优惠、抽奖活动、咨询购买等），以吸引微信朋友圈用户的注意力和参与度。

你可以根据实际情况对这个指令进行调整和补充，例如：

撰写社群营销文案指令：你是一位社群营销专家，请为我撰写一条适合发在微信朋友圈的营销文案，推广年度读书课。目标受众是读书爱好者，请使用简洁明了的语言风格，强调产品或服务的实操性，并结合微信朋友圈的社交特点，尽量让文案显得自然、接地气。同时，请考虑加入一些限时优惠活动，以吸引微信朋友圈用户的注意力和参与度。

2.2.8　品牌故事

一个好的品牌故事能够深入人心，引起消费者的共鸣，从而增强消费者对品牌的忠诚度和好感度，越来越多的企业开始注重这个方面。

撰写品牌故事指令：请基于以下品牌信息撰写一个品牌故事。

品牌名称：×××（品牌名称）。

创立背景：×××（简单描述品牌是如何以及为何创立的）。

核心价值：×××（品牌的核心价值和信仰是什么）。

主要产品/服务：×××（品牌提供的主要产品或服务）。

市场定位：×××（品牌在市场上的定位，目标客户群体）。

目标受众：×××（品牌主要针对哪些人群）。

品牌里程碑：×××（品牌成立以来的重要成就或转折点）。

希望传达的信息：×××（通过品牌故事你希望传达的主要信息和情感色彩）。

请确保品牌故事内容清晰、逻辑严密，充分展现品牌的个性和价值，同时能够引起目标受众的情感共鸣。

你可以根据实际情况对这个指令进行调整和补充，例如：

撰写品牌故事指令：请基于以下品牌信息撰写一篇品牌故事。

品牌名称：桑梓学姐。

创立背景：增强个人技能。

核心价值：带领1000个人读书写作。

主要产品/服务：年度读书写作课。

市场定位：中端服务，一对一教学。

目标受众：在校大学生、上班族、热爱读书写作的人。

品牌里程碑：95%复购率……

希望传达的信息：人人都可以通过读书写作，变得更幸福、更自洽。

请确保品牌故事内容清晰、逻辑严密，充分展现品牌的个性和价值，同时能够引起目标受众的情感共鸣。

2.2.9　课程文稿

我曾经做过多个爆款课程，深知撰写课程文稿的重要性。一个好的课程文稿，是自己的品牌象征，更是学员信赖你的最根本因素。

撰写课程文稿指令：你是一位课程文稿撰写大师，撰写过100节爆款课程文稿，现在请你根据以下详细信息帮我撰写一份课程稿。

课程主题：×××（详细描述课程的主题）。

目标受众：×××（课程面向的学习者类型，例如初学者、中级学习者、专业人士等）。

课程结构：×××（课程内容简述）。

课程时长要求：×××（如课程的总时长、每节课的时长等）。

请确保课程稿内容条理清晰、信息全面，能够吸引并满足目标受众的学习需求，同时达到既定的学习目标。

你可以根据实际情况对这个指令进行调整和补充。例如：

撰写课程文稿指令：你是一位课程文稿撰写大师，撰写过100节爆款课程文稿，现在请你根据以下详细信息帮我撰写一份课程稿。

课程主题：如何深度阅读。

目标受众：爱好读书的人。

课程结构：开头先说明什么是深度阅读；中间介绍深度阅读技巧；结尾引出深度阅读的生活小妙招。

课程时长要求：课程时长45分钟。

请确保课程稿内容条理清晰、信息全面，能够吸引并满足目标受众的学习需求，同时达到既定的学习目标。

2.2.10 广告文案

广告文案是广告内容的文字化表现，通过语言文字来打动消费者，甚至打开消费者的钱包。

撰写广告文案指令：你是一位广告文案大师，撰写过100篇爆款广告文案。请为我撰写一篇针对×××（目标受众）的×××（产品类型或服务）的广告文案。在文案中，请强调×××（产品或服务的核心特点1、核心特点2和核心特点3），并说明这些特点如何满足×××（目标受众的需求或痛点）。请使用×××（特定的语言风格或调性，如正式、轻松、幽默等），确保文案简洁明了、有吸引力，并包含明确的×××（呼吁行动，如购买、注册、咨询等）。文案长度请控制在×××（指定字数或行数）以内。

你可以根据实际情况对这个指令进行调整和补充。例如：

撰写广告文案指令：你是一位广告文案大师，撰写过100篇爆款广告文案。请为我撰写一篇针对年轻都市白领的时尚智能手表的广告文案。在文案中，请强调该手表的时尚设计、智能功能和出色的续航能力，并说明这些特点如何帮助年轻都市白领更好地管理时间和提升生活品质。请使用轻松幽默的语言风格，并确保文案简洁明了、有吸引力，最后包含一个明确的购买呼吁。文案长度请控制在100字以内。

2.2.11 产品Slogan

产品Slogan（口号）是一个简短、有力、易于记忆和传播的语句，用于传达产品或品牌的核心价值和卖点，帮助消费者快速了解和记住该产品或品牌。

撰写产品Slogan指令：你是一位著名的产品Slogan大师，请为我撰写一个针对×××（产品名称）的Slogan。该产品的主要特点是×××（产品特点1、产品特点2和产品特点3），目标受众是×××（目标受众描述）。请确保Slogan简洁、有力，能够准确地传达产品的独特价值和×××（品牌理念或情感）。语言风格请符合×××（品牌调性，如正式、轻松、创新等）。

你可以根据实际情况对这个指令进行调整和补充。例如：

撰写产品Slogan指令：你是一位著名的产品Slogan大师，请为我撰写5个针对智能健康手环的Slogan。该产品的主要特点是全天候健康监测、智能运动追踪和时尚佩戴设计，目标受众是关注健康和积极生活的年轻人群。请确保Slogan简洁、有力，能够准确地传达产品的健康科技和时尚佩戴的独特价值，同时体现品牌对积极生活方式的倡导。语言风格请正式且富有激情。

2.2.12　宣传资料

宣传资料是企业、组织或个人用以向外界传递信息，以达到宣传产品、服务或活动，提高知名度和影响力的手段。

撰写宣传资料指令：请为我撰写一份关于×××（产品/服务/活动名称）的宣传资料。目标受众是×××（受众群体描述），请确保内容能够引起目标受众的兴趣并传达×××（核心信息或卖点）。宣传资料的类型为×××（宣传册、海报文案、网页介绍、社交媒体推文等），请使用×××（正式、轻松、创新等）的语言风格，并包含必要的详细信息，如产品特点、价格、促销活动等。同时，请确保文案简洁明了、易于理解，并在必要时使用吸引人的图像或设计元素。最后，请将文案长度控制在×××（指定字数或页数）以内。

你可以根据实际情况对这个指令进行调整和补充。例如：

撰写宣传资料指令：请为我撰写一份关于新款智能手表的宣传资料。目标受众是科技爱好者和健康意识强的消费者，请确保内容能够突出产品的智能健康监测功能和时尚设计。宣传资料的类型为社交媒体推文，请使用轻松幽默的语言风格，并包含产品的主要特点、价格优惠活动和购买链接。请确保文案简洁明了，易于在社交媒体上传播，并配以吸引人的产品图片。

日常写作：
5个指令，激发你的文学细胞

2.3.1 短篇故事

短篇故事是简短叙述一个完整事件或情感的小说形式。撰写短篇故事的难度在于如何快速吸引读者、紧凑地展开情节，并在结尾给人留下深刻的印象，要求作者有巧妙的构思、精炼的文笔和出色的叙事能力。

撰写短篇故事指令：请帮我撰写一个短篇故事。

故事类型：科幻/悬疑/爱情（请选择一个或提供其他类型）。

主题：未来世界的探索/失踪案件的真相/跨越时空的爱情（请提供一个或根据所选类型给出相关主题）。

情节要点：

开场：描述故事发生的背景和环境，引入主要角色和冲突。

发展：逐步展开情节，增加悬念或情感纠葛，让读者产生共鸣和好奇。

高潮：故事的关键时刻，揭示真相、解决问题或实现角色转变。

结尾：以令人满意的方式结束故事，可以留下余味或启示。

角色设置：

主角：（描述主角的性格特点、背景和目标）。

配角：（根据需要描述其他重要角色的特点和作用）。

其他要求：

请保持故事的连贯性和逻辑性。

使用生动、形象的语言描述场景和情感。

如果可能的话，请在故事中融入一些独特的创意或转折，以增加故事的惊喜感和吸引力。

故事长度控制在 1000—2000 字。

请在完成故事撰写后给我审查和修改，以确保它符合我的期望和标准。感谢你的帮助！

请根据你的实际需求输入指令的内容（如故事类型、主题、情节要点、角色设置等），例如：

撰写短篇故事指令：请帮我撰写一个短篇故事。

故事类型：科幻/悬疑。

主题：未来世界的探索与失踪案件的真相。

情节要点：

开场：描述故事发生的背景和环境，引入主要角色和冲突。

发展：逐步展开情节，增加悬念或情感纠葛，让读者产生共鸣和好奇。

高潮：故事的关键时刻，揭示真相、解决问题或实现角色转变。

结尾：以令人满意的方式结束故事，可以留下余味或启示。

角色设置：

主角：艾瑞克，一名勇敢、聪明且充满好奇心的星际探险家。他对未知世界充满渴望，总是勇往直前，不惧任何挑战。

配角：队友们，各具特色的探险队员，他们在故事中起到了重要的辅助和支持作用。他们的性格、背景和技能各不相同，丰富了故事内容，增加了故事的层次感。

其他要求：

请在故事中穿插一些对未来科技的描绘，如先进的太空船、智能机器人等，以增强故事的科幻氛围。

注重情节的紧凑性和悬念设置，使读者始终保持紧张感和好奇心。

使用生动、形象的语言描述场景、情感和动作，让读者能够身临其境地感受故事的魅力。

故事长度控制在1000—2000字，以确保故事的完整性和阅读体验。

请在完成故事撰写后给我审查和修改，以确保它符合我的期望和标准。感谢你的帮助！

2.3.2　诗歌

诗歌是一种用高度凝练的语言，生动形象地表达作者丰富的情感，集中反映社会生活，并具有一定节奏和韵律的文学体裁。

撰写诗歌指令：请帮我撰写一首诗歌。

主题：爱与失去/自然之美/孤独与自由（请选择一个主题或提供其他主题）。

风格：浪漫主义/现代主义/抒情/抽象（请选择一个风格或描述你期望的风格）。

诗歌形式：

行数：请指定诗歌的行数（如十四行、五行等）。

韵脚：请指定是否需要押韵，以及押韵的方式（如 ABAB、AABB 等）。

节奏：如果有特定的节奏要求，请提供相关信息。

内容要点：

描述情感：如悲伤、欢乐、思念等。

描绘场景：如夜晚的星空、雨后的森林等。

表达观点：如对爱情、生活、自然等的看法。

（请根据你的需求提供具体的内容要点。）

其他要求：

请尽量使用生动、形象的语言。

如果可能的话，请在诗歌中融入一些隐喻或象征元素。

确保诗歌的逻辑性和连贯性。

请在完成诗歌撰写后给我审查和修改，以确保它符合我的期望和标准。感谢你的帮助！

你可以根据实际情况对这个指令进行调整和补充，例如：

撰写诗歌指令：请帮我撰写一首诗歌。

主题：夜晚的宁静。

风格：抒情且带有一丝神秘感。

诗歌形式：

行数：五行。

韵脚：不要求严格押韵，但希望整体和谐。

节奏：自由节奏，不过于紧凑也不过于松散。

内容要点：

描述夜晚的静谧氛围。

描绘月光下的自然景象。

表达对宁静夜晚的享受和内心的平静。

其他要求：

请使用生动、形象的语言，营造出夜晚的神秘感和宁静美。

在描绘自然景象时，融入一些隐喻或象征元素，增强诗歌的表现力。

确保诗歌的逻辑性和连贯性，使读者能够顺畅地理解和感受诗歌的意境。

请在完成诗歌撰写后给我审查和修改，以确保它符合我的期望和标准。感谢你的帮助！

2.3.3 长篇小说

长篇小说篇幅长、内容丰富复杂、人物多而丰满，对作者的创造力、耐心和写作技巧都是极大的考验。

撰写长篇小说指令：请帮我撰写一部长篇小说。

基本信息：

标题：小说标题。

类型/题材：例如幻想、科幻、历史、浪漫、悬疑等。请明确指定或提供混合类型的说明。

目标读者：例如年轻人、文学爱好者、特定兴趣群体等。这有助于确定语言和内容的适当性。

预计长度：例如，80 000—100 000字。请提供一个大致的字数范围或章节数。

故事概要：

背景设定：时间、地点、社会环境、技术水平等。

主要情节：从开始到结局的整体故事流程概述。可以包括关键转折点和重大事件。

主题和讯息：小说想要探讨的核心主题、道德问题或社会评论。

角色设定：

主角：名字、性格特点、背景故事、外貌描述、动机等。

配角：主要配角的类似描述，包括他们与主角的关系和在故事中的作用。

反派角色：名字、性格特点、目标和手段等。

写作风格和语言：

叙述风格：第一人称、第三人称、多角度叙述等。

语言风格：正式、非正式、诗意、幽默等。请提供特定的语言要求或避免使用的语言风格和元素。

对话风格：真实、夸张、地域特色等。

高潮和冲突点：故事中的关键冲突和高潮部分，以确保情节紧张有趣。

其他要求：

研究需求：如果小说涉及特定的历史时期、科学技术或专业领域，请指定研究水平。

文化和敏感性：如果小说涉及不同的文化、种族、性别身份等，请提供指导以确保内容恰当和不涉及歧视。

可修改性：说明你是否希望AI在完成初稿后提供修改建议，或者你计划自己进行编辑和修订。

工作流程如下：AI根据你提供的信息生成初步的故事草案。你审查并提供反馈意见，指出需要修改或扩展的部分。AI根据反馈意见进行调整，并继续撰写后续章节。这个过程持续进行，直到小说完成。请在每个阶段提供清晰的反馈和指导，以确保最终的作品符合你的期望和标准。

请注意，由于长篇小说的复杂性和创造性要求，AI生成的内容可能需要大量的后期编辑和修订。AI可以作为一个强大的工具来协助你，但最终的质量和创意仍然取决于你的指导和修订。

你可以根据实际情况对这个指令进行调整和补充，例如：

撰写长篇小说指令：请帮我撰写一部长篇小说。

基本信息：

标题：《星际迷航：寻找失落的时间》。

类型/题材：科幻冒险。

目标读者：科幻小说爱好者，尤其是对太空探索和时间旅行感兴趣的读者。

预计长度：约100 000字。

故事概要：

背景设定：公元3019年，人类已经掌握了星际旅行的技术，并在银河系建立了多个基地。时间旅行仍然是一个未解之谜，但在一次意外中，一艘探险船穿越时空，来到了未知的过去。

主要情节：主角艾丽卡·诺克斯是一名勇敢的星际探险家，她领导着一队精英船员，在寻找失踪的探险船时意外穿越时空。他们发现自己身处一个陌生的星系，且时间流逝与他们的原时空不同。为了找到回家的路并揭示这一神秘现象的真相，艾丽卡和她的团队必须面对未知的挑战、潜在的敌人以及内心的恐惧。

角色设定：

主角：艾丽卡·诺克斯，船长，聪明、果断、富有同情心，对探险充满热情。

配角1：李奥·桑托斯，第一副官，忠诚、机智，与艾丽卡有着深厚的友谊，是她的得力助手。

配角2：萨拉·詹森，科学家，对时间旅行有深入的研究，勇敢且好奇心旺盛，她的知识和智慧是团队不可或缺的。

配角3：塔尔·凯文，航行士，负责导航和星际航行，他的技艺和经验对于探索未知星系至关重要。

配角4：安德鲁·贝尔，工程师，负责维护飞船的动力系统和机械设备，他的专业技能为团队的航行提供了坚实保障。

配角5：莉莉安·莫尔，医疗官，负责船员的健康和医疗问题，她的存在为团队的持续探索提供保障。

配角6：赵岩，通讯官，负责与其他基地和探险队联系，确保信息畅通无阻。

反派角色1：维克多·克雷尔，来自未来的神秘人物，企图利用时间旅行的力量为自己谋取私利，他的出现给艾丽卡的团队带来了巨大的威胁。

反派角色2：阿莱娜·德拉科，星际强盗头目，以抢夺他人财物为生，她盯上了艾丽卡团队的飞船和他们的时间旅行技术。

写作风格和语言：

叙述风格：以第三人称叙述为主，主要通过艾丽卡的视角展开故事，同时适时穿插其他角色的内心独白和观察，以丰富故事情节和塑造角色形象。

语言风格：采用正式而富有科幻色彩的语言，精准而生动地描绘细节，同时注重情感的渲染，使读者能够身临其境地感受故事情节的紧张和刺激。

对话风格：对话真实自然，能够反映每个角色的个性和文化背景，增强故事的真实感和可信度。

高潮和冲突点：故事中的关键冲突和高潮部分，以确保情节紧张有趣。

其他要求：

请在故事中融入对未来科技、社会结构和文化背景的合理想象和描绘，构建一个丰富而逼真的未来世界。

注重角色之间的关系发展和情感纠葛，通过角色之间的互动和冲突，使读者产生共鸣并投入情感。

在情节设置中保持一定的悬念和惊喜元素，通过意想不到的转折和冲突，增强故事的吸引力和可读性。

2.3.4 散文

散文是一种灵活自由的文学形式，以抒发真实情感和表达深刻见解为主，不拘泥于严格的结构和韵律。撰写散文的难点在于如何以自然流畅的语言，精准地捕捉和表达微妙的情感和思想，同时保持内容的连贯性和深度，需要作者有敏锐的洞察力和高超的文字功底。

撰写散文指令：请帮我撰写一篇散文。

主题：季节变迁/人生感悟/旅行见闻（请提供一个主题或根据你的创意给出）。

风格：清新自然/婉约柔美/豪放奔放（请选择一个或描述你期望的风格）。

情感表达：抒发对自然的热爱/对生活的感慨/对旅行的向往（请指明你希望表达的情感或心境）。

内容要点与结构：

引入：通过生动的描绘或引人入胜的故事，将读者带入散文的氛围。

主体：围绕主题展开，运用细腻的笔触描述场景、人物或事件，传递情感和思考。

结尾：以含蓄或点题的方式结束，留给读者回味和思考的空间。

其他要求：

请注重语言的流畅性和优美性，避免陈词滥调和生硬的表达。

融入个人独特的观察和感悟，使散文具有个性和深度。

如果可能的话，请在散文中穿插一些文化元素或历史典故，增加文章的丰富性和趣味性。

请在完成散文撰写后给我审查和修改，以确保它符合我的期望和标准。感谢你的帮助！

你可以根据实际情况对这个指令进行调整和补充，例如：

主题：秋日的思绪。

风格：清新自然，带有淡淡的忧伤。

情感表达：抒发对秋天景色的喜爱，对逝去时光的感慨。

内容要点与结构：

引入：通过生动的描绘或引人入胜的故事，将读者带入散文的氛围。

主体：围绕主题展开，运用细腻的笔触描述场景、人物或事件，传递情感和思考。

结尾：以含蓄或点题的方式结束，留给读者回味和思考的空间。

其他要求：

请在散文中穿插一些秋天的文化元素或历史典故，如"一叶知秋""秋高气爽"等成语或诗句的引用。

注重语言的流畅性和优美性，运用比喻、拟人等修辞手法增强文章的表现力。

请在完成散文撰写后给我审查和修改，以确保它符合我的期望和标准。感谢你的帮助！

2.3.5 文言文

文言文是古代汉语的书面表达形式，以古朴、典雅见长，注重言简意赅。撰写文言文的难点在于掌握古代汉语的词意、语法和修辞手法等，同时保持文言文独特的韵味和风格，这要求作者具备深厚的古汉语功底和对古代文化有深刻的理解。

撰写文言文指令：请帮我撰写一篇文言文。

主题：山水之美/人物传记/哲理探讨（请提供一个主题或根据你的需求给出关键词）。

内容要点：

描述山水的秀丽景色，表达作者对自然的赞美之情。

叙述一位历史人物的生平事迹，彰显其品德与成就。

探讨一个哲理问题，提出独到的见解和思考。

（请根据你的需求选择合适的内容要点，并提供具体的信息或细节。）

风格要求：

请使用古朴典雅的文言文风格，注重词汇的选择和句式的运用。

力求表达准确、简练，避免冗长和烦琐的句子结构。

融入古代文化元素和修辞手法，如典故、对仗、排比等，以增强文言文的韵味和表达力。

文言文格式与修辞要求：

遵循传统的文言文篇章结构，如起承转合、首尾呼应等。

使用古汉语特有的句式和语法结构，如倒装、省略等，以体现文言文的独特魅力。

注意平仄和押韵的运用，使文章读起来更加和谐流畅。

请在完成文言文撰写后给我进行审查和修改，以确保它符合我的期望和标准。感谢你的帮助！

你可以根据实际情况对这个指令进行调整和补充，例如：

撰写文言文指令：请帮我撰写一篇关于"山水之美"的文言文。

主题：山水之美。

内容要点：

描述山峦叠翠，水波荡漾的壮丽景色。

表达作者对大自然的敬畏之情与心灵洗涤之感。

抒发在山水中寻找人生哲理与超脱尘世的愿望。

风格要求：

请运用古朴典雅的文言文风格，注重炼字琢句，以体现文言文之美。

句式可长短相间，既要有整饬之美，又要有变化之趣。

适当融入典故、成语等元素，丰富文章内涵。

文言文格式与修辞要求：

文章开头可设一破题句，引领全文，点明主旨。

正文部分请按照起承转合的结构展开，层次分明，逻辑清晰。

结尾处请收束全文，呼应开头，留下余韵。

注意平仄和押韵的运用，使文章读起来抑扬顿挫，朗朗上口。

请在完成文言文撰写后给我进行审查和修改，以确保它符合我的期望和标准。感谢你的帮助！

写在最后，运用AI进行写作，有三点需要注意：

第一，与AI交互并不是发送一个指令，就能得到我们满意的答案，我们需要和AI进行多轮交互。如果你觉得AI生成的文章缺少细节，你可以和AI说："请为这篇文章增加细节，有感染力一点。"如果你觉得AI生成的故事对话场景不多，那你就可以和AI说："请增加这则故事中的对话场景。"总之，哪里有问题，反馈给AI；哪里要改进，与AI交流。不断地向AI提问，不厌其烦地问AI，问得越多，生成的内容就越好。

第二，以上我们提供的指令模板已经很详尽了，大家可以参考使用，基本没问题。如果你希望生成内容新颖，具备个人特色的东西，需要尝试自己填充指令模板。

第三，只有具备了该领域基本知识或技能的人，才能利用AI在该领域一骑绝尘。如果你想利用AI写公众号文章，但是你自己连一篇公众号文章都没有写过，也不懂公众号文章写作的基本技能，那基本就很难利用AI为公众号文章添砖加瓦。所以想要利用AI写作，我们也需要具备一些关于写作的基本技能，如此才能更好地驾驭AI。

虽然这个章节中的指令都非常具体详细，但是有的时候我们并不需要用这么具体的指令，还是那句话，多尝试向AI提问，你会找到自己的节奏。

CHAPTER 3

第**3**章

20个AI设计指令宝典，
激发你的无限灵感

　　这一章节，桑梓将带大家走进绘画的世界，我们选择的AI绘画工具是DALL-E3和Midjourney，前者是因为它能听懂大白话，不需要复杂的提示词，而且它架构在ChatGPT 4上，不需要单独付费，打开一个聊天框，就能开始绘画之旅。后者是因为它很专业，随便输入一个指令让它帮你做图，成品都是冠军级作品，尤其适合用于商业设计中。

例如，直接发送指令"画一张司机堵车堵到发疯的图"，它就可以自动生成符合主题的作品。

后者是因为它很专业，随便输入一个指令让它帮你做图，成品都是冠军级作品，尤其适合用于商业设计中。

3.1

一键成画：
8个指令，秒变绘画大师

绘画和写作一样，都需要一个高质量的指令。一个高质量的AI绘画指令，需要精准详细地描述图像内容、风格、色彩、氛围等要素。以下是构成高质量AI绘画指令6大关键要素。

1. 明确主题

描述绘画的主要内容和元素，比如是动物、自然景观还是人物肖像、城市风光等。

2. 确定风格/技法

明确指出想要模仿的艺术风格或具体的艺术家，比如印象派、超现实主义，或者模仿凡·高或毕加索的风格。

3. 说明色彩/调性

描述画面的主要色调，如暖色系、冷色调、鲜艳或是柔和。

4. 设定情感/氛围

说明作品中希望传达的情感和氛围，比如宁静、忧郁、活泼、神秘等。

5. 要求视角/构图

提供作品的视角和构图偏好，如鸟瞰视角、正面视角、对角线构图等。

6. 加入个人创新

在用 AI 绘画时，要勇于尝试新的组合和创作方法，融入个人特色。

拥有美术功底的人在使用 AI 绘画时，因为他们比没有美术功底的人更明确自己所需的作品类型，所以能够给出更为具体和细致的指令，从而使生成的图片更符合他们的预期，达到更好的效果。

没有美术功底的人，可能不知道如何编写详细具体的绘画指令。在这种情况下，不必过分纠结，只需使用包含基础指令的模板，让 AI 自由发挥想象即可。

请记住，AI 绘画是一门充满想象力的艺术。因此在使用 AI 绘画时，不必过分拘泥于指令，各种类型的指令都值得尝试，相信 AI 会为你带来出乎意料的创意和收获。

接下来，我将为大家实际演示各种类型的基础绘画指令。没有美术功底的朋友，可以直接采用我提供的指令模板进行操作。

具备美术功底的朋友，则可以参考我之前提到的高质量绘画指令的六大标准，在我的指令模板基础上进行有针对性的选择和填充，以达到更加个性化的绘画效果。

3.1.1 人物绘画指令

指令模板："请生成一幅描绘×××（人物特征）的人物图，背景是×××（背景描述）。人物应该展现出×××（情感/动作），身穿×××（服装描述）。"

你可以按照这个指令模板进行填充，例如：

"请生成一幅描绘女性艺术家的人物图，背景是充满阳光的画室。人物应该展现出专注于绘画的情感，身穿简约的围裙。"

3.1.2 动物绘画指令

指令模板："请生成一幅图，展示一只×××（动物名称）在×××（环境/背景）中×××（动作/活动）。"

你可以按照这个指令模板进行填充，例如：

"请生成一幅图，展示一只悠闲的猫咪在阳光明媚的窗台上打盹。"

3.1.3 风景绘画指令

指令模板："请生成一幅展示×××（具体地点或环境）的风景画，画面中应包含×××（主要元素），并突出×××（特定时间/气氛）。"

你可以按照这个指令模板进行填充，例如：

"请生成一幅展示高山湖泊边缘的风景画，画面中应包含蜿蜒的小径、静静的湖水和远处的雪山，并突出黄昏时分温暖的气氛。"

3.1.4 卡通绘画指令

指令模板："请生成一幅展示×××（卡通角色）在×××（背景/场景）中进行×××（活动/动作）的卡通画。"

你可以按照这个指令模板进行填充，例如：

"请生成一幅展示一只穿着太空服的小猫在国际空间站内漂浮的卡通画。"

3.1.5　四格漫画指令

指令模板："请生成一部四格漫画，讲述×××（主题/故事大纲）。第一格展示×××（第一格内容），建立背景或引入角色。第二格展示×××（第二格内容），发展故事或增加冲突。第三格展示×××（第三格内容），推进情节或提供转折。第四格展示×××（第四格内容），给出结局或点睛之笔。"

你可以按照这个指令模板进行填充，例如：

"请生成一部四格漫画，讲述一位发明家试图制造一台自动煮咖啡的机器，却意外创造出一个会跳舞的咖啡机。第一格展示发明家在工作台上忙碌，满桌子零件和图纸。第二格展示咖啡机第一次启动时突然播放音乐并开始旋转。第三格展示发明家被咖啡机的舞蹈所吸引，开始跟着节奏挥动手臂。第四格展示发明家和咖啡机一起跳舞，房间充满欢乐，窗外的人被这奇景吸引跟着一起舞动。"

3.1.6　折纸绘画指令

指令模板："请生成一幅展示×××（折纸主题）的折纸画。画面中应体现×××（具体的折纸对象），位于×××（背景/环境）中。"

你可以按照这个指令模板进行填充，例如：

"请生成一幅展示动物主题的折纸画。画面中应体现一群由彩色纸张折叠而成的动物，包括长颈鹿、大象和狮子。"

3.1.7　物体整齐排列图指令

指令模板："请生成一幅展示×××（指定物品或类别）的整齐排列组合图。物品应包含×××（列出物品种类），布置在×××（描述背景或表面）上。"

你可以按照这个指令模板进行填充，例如：

"请生成一幅展示首饰的整齐排列组合图。画面中应包括多样化的珠宝，如镶有宝石的项链、精致的手镯、闪耀的戒指和优雅的耳环，每件首饰均陈列在绒面板上。"

3.1.8　像素图指令

指令模板："请生成一张像素图，主题为×××，采用×××的风格。"

你可以按照这个指令模板进行填充，例如：

"生成一张像素图，主题为森林中的小屋，采用色彩丰富，细节精致，复古的像素艺术风格。"

趣味生活：
5个指令，增添生活小确幸

3.2.1　涂色卡指令

指令模板："画一张×××（对象）的涂色卡，展示×××（具体元素/场景/对象的特征）。"

你可以按照这个指令模板进行填充，例如：

"画一张海洋世界的涂色卡，展示珊瑚礁和各种海洋生物，如海草、海龟、热带鱼。"

3.2.2 贴纸指令

指令模板："请设计一组贴纸，围绕×××（主题/概念）。每款贴纸应展示×××（具体元素/角色），采用×××（指定风格）。"

你可以按照这个指令模板进行填充，例如：

"请设计一组贴纸，围绕森林仙境公主的主题。每款贴纸应展示穿着不同自然元素主题礼服的公主、她的动物朋友们（如鹿、兔子，以及魔法森林的景观，采用手绘插画风格。"

3.2.3　表情包指令

指令模板：帮我画一张幽默表情包："×××（表情包内容），注意要×××（添加绘制的细节）。"

你可以按照这个指令模板进行填充，例如：

"帮我画一张幽默表情包，主角是一张笑容灿烂的脸，幽默地用双手端着6杯珍珠奶茶，注意一定要夸张。"

3.2.4　连环画指令

指令模板："请使用单色分镜故事板格式绘制一组连环漫画，讲述以下故事：×××（把故事拆分）。每个场景都应垂直排列，采用统一的单色调以强调故事的×××（调性）。"

你可以按照这个指令模板进行填充，例如：

"请使用单色分镜故事板格式绘制一组连环漫画，描绘一位海盗船长寻找宝藏的冒险故事：海盗船长手持望远镜，眺望着地图上标记的未知岛屿。船长带领他的船员们穿越波涛汹涌的大海。抵达岛屿后，船长领着队伍穿过茂密的丛林，沿着古老的地图寻找宝藏。最终，在一棵古老的大树下，船长发现了埋藏的宝藏箱，他和船员们欢呼雀跃。每个场景都应垂直排列，采用统一的单色调以强调冒险和神秘的氛围。"

3.2.5 各种配图指令

指令模板:"请根据以下×××(内容类型)绘制一张配图:×××(内容文本),风格方面我希望×××(风格要求)。"

你可以按照这个指令模板进行填充,例如:

"请根据成语故事龙飞凤舞绘制一张配图。"

3.3

商业设计：
7个指令，从此告别加班

注意：以下操作内容将会用到软件Midjourney（简称MJ）。

3.3.1　服装设计指令

1.方式一：ChatGPT写指令，MJ按照指令创作

在ChatGPT中输入指令：我要在Midjourney上设计一款婚纱，请你给我1个指令，指令要用中英双语的形式呈现。

ChatGPT：

当然，以下是Midjourney的婚纱设计指令：

中文："制作一款散发着自由奔放和浪漫气息的波西米亚风格婚纱。以飘逸的面料、露肩袖和花卉刺绣为特色。配以花环和流苏细节。调色板：柔和的淡彩色。非常适合户外或海滩婚礼。"

英文："Craft a Bohemian-style wedding dress that exudes a free-spirited and romantic vibe. Feature flowy fabrics, off-the-shoulder sleeves, and floral embroidery. Accessorize with a flower crown and fringe details. Color palette: soft pastels. Suitable for an outdoor or beach wedding."

进入 MJ，在聊天框输入"/"并选择"/imagine prompt"选项，将这段指令的英文文本粘贴到输入框内，并点击发送。

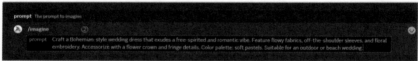

这样，MJ 就会生成四张高质量的婚纱设计图。

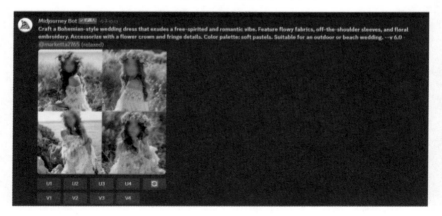

对于生成的设计图，你可以使用"U"和"V"两个选项进一步操作。"U"代表原图放大，如果你对某张设计图满意并希望查看其放大效果，只需点击对应的U编号。而"V"则代表原图微调，用于对设计图进行细微的优化。例如，如果你对第一张设计图基本满意但希望进一步完善，可以点击V1进行微调。

我个人比较喜欢第1张，所以点击U1，MJ就会生成以下图片。

2. 方式二：如果有灵感，直接在MJ里写指令

如果你有自己的设计灵感，可以直接在MJ的聊天框中输入相应的指令。例如，想要设计一款"性感飘逸的粉色蓬蓬裙"，可以先将这句话翻译成英文"A sexy flowy pink puffy dress"，然后按照上述步骤在MJ中输入并发送指令。这样，MJ就会根据你的指令生成四张相应的设计图。

同样地，你可以使用"U"和"V"选项对生成的设计图进一步操作。

我觉得第一张不错，但是我还想让它更为精致，点击V1，让它进行微调，MJ就会再次生成四张设计图。

这次我很满意，尤其喜欢第一张！然后在这四组图下方点击U1，将第一张原图放大，心仪的设计作品就新鲜出炉了。

3.方式三：使用/describe指令

如果你有喜欢的图片作为设计参考，可以使用"/describe"指令。在MJ中输入"/describe"并添加图片然后点击发送。

MJ 会为你生成四组与该图片相关的指令。

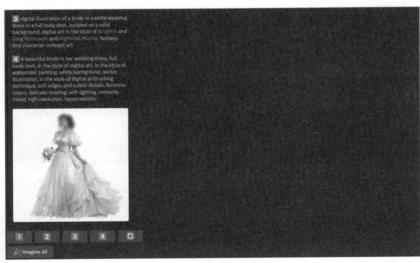

选择你喜欢的指令并点击相应的编号，MJ 就会为你生成四张风格类似的设计图。这种方式可以帮助你从已有的图片中汲取灵感并进行再创作。比如我喜欢第一组提示词，点击"1"，来看看 AI 生成的四组婚纱图。

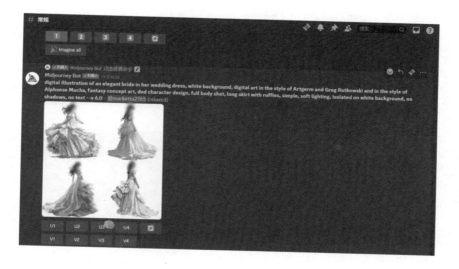

4.方式四：通过MJ社区的灵感进行创作

此外，你还可以在 MJ 社区中搜索关键词以寻找灵感。例如，输入"Qipao design"搜索，社区会展示许多与旗袍相关的图片和指令。

复制你喜欢的图片的指令到 MJ 聊天框中并发送，即可生成新的服装图片。值得注意的是，即使使用相同的指令，MJ 也会生成风格类似但并非完全相同的图片，因此无须担心原创性问题。

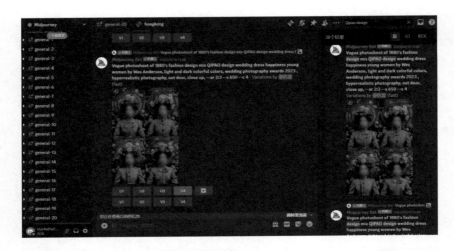

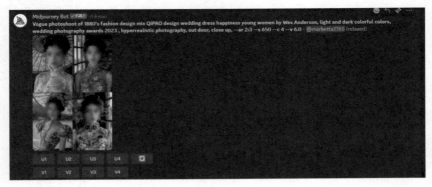

3.3.2 珠宝设计指令

1.方式一:ChatGPT写指令,MJ按照指令创作

在ChatGPT中输入指令:我现在要在MJ上设计一款珠宝,请你给我1个指令,指令要用中英双语的形式呈现。

ChatGPT：

当然，以下是设计珠宝的1条指令，以中英双语形式呈现：

中文：创作一款受到森林启发的手镯，材料以黄金为主，点缀以祖母绿和褐色钻石模拟树叶和树干的效果。

英文：Create a forest-inspired bracelet made primarily of gold, adorned with green emeralds and brown diamonds to mimic the effect of leaves and tree trunks.

进入MJ，在聊天框输入"/"并选择"/imagine prompt"选项，将这段指令的英文文本粘贴到输入框内，并点击发送，MJ就会生成四张高质量的森林手镯设计图。

2.方式二：如果有灵感，直接在MJ里写指令

如果你有自己的设计灵感，可以直接在MJ的聊天框中输入相应

的指令。例如，我现在想要设计"一款简约风格的戒指，采用玫瑰金材质，主钻石为粉色蓝宝石"，先把这句话翻译成英文"Design a minimalist ring made of rose gold with a pink sapphire as the centerpiece"，然后按照上述步骤在 MJ 中输入并发送指令。这样，MJ 就会根据你的指令生成四张相应的设计图。

3.方式三：使用/describe 指令

如果你有喜欢的图片作为设计参考，可以使用"/describe"指令。在 MJ 中输入"/describe"添加图片后发送，MJ 会为你生成四组与该图片相关的指令。

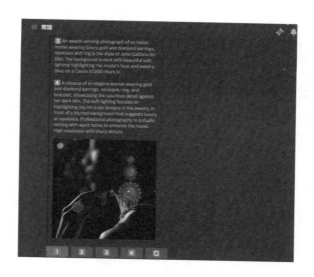

选择你喜欢的指令并点击相应的编号，MJ就会为你生成四张风格类似的设计图。

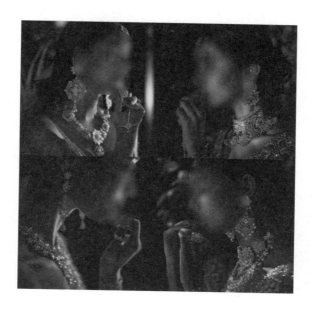

4.方式四：通过MJ社区的灵感进行创作

在MJ社区的首页输入关键词"jewelry design"搜索，社区会展示许多与珠宝相关的图片和指令。

复制你喜欢的图片的指令到聊天框，点击发送，即可生成新的珠宝图片。

3.3.3　产品包装指令

1.方式一：ChatGPT写指令，MJ按照指令创作

在ChatGPT中输入指令：我现在要在MJ上设计一款茶叶包装

盒，请你给我1个指令，指令要用中英双语的形式呈现。

ChatGPT：

中文：设计一款体现传统中国文化元素的茶叶包装盒，采用红色和金色作为主色调，融入山水画风格。

英文：Design a tea packaging box that reflects traditional Chinese cultural elements, using red and gold as the primary colors, integrating landscape painting styles.

进入MJ，在聊天框输入"/"并选择"/imagine prompt"选项，将这段指令的英文文本粘贴到输入框内，并点击发送，这样，MJ就会生成四张高质量的包装设计图。

2.方式二：如果有灵感，直接在MJ里写指令

如果你有自己的设计灵感，可以直接在MJ的聊天框中输入相应的指令。例如，想要设计"一款融合中秋节传统和现代审美的月饼礼盒包装"。先把这句话翻译成英文"Design a Mid-Autumn Festival mooncake gift box packaging that blends traditional Mid-Autumn elements with modern aesthetics"，然后按照上述步骤在MJ中输入并发送指令。这样，MJ就会根据你的指令生成四张相应的设计图。

3.方式三：使用/describe指令

如果你有喜欢的图片作为设计参考，可以使用"/describe"指令。在MJ中输入"/describe"并添加图片后发送，MJ会为你生成四组与该图片相关的指令。

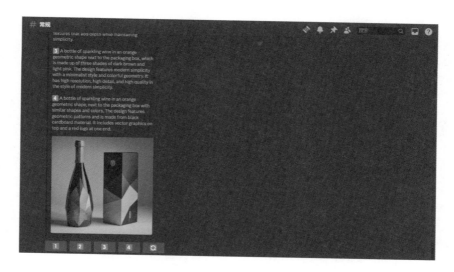

选择你喜欢的指令并点击相应的编号，MJ 就会为你生成四张风格类似的设计图。

4.方式四：通过MJ社区的灵感进行创作

在MJ社区的首页输入关键词"package design"搜索，社区会展示许多与包装设计相关的图片和指令。

复制你喜欢的图片的指令到MJ聊天框中并发送，即可生成新的包装图片。

3.3.4 Logo设计指令

1.方式一：ChatGPT写指令，MJ按照指令创作

在ChatGPT中输入指令：我现在要在Midjourney上设计一款产品的logo，请你给我1个指令，指令要用中英双语的形式呈现。

ChatGPT：

中文：创作一个针对青少年的时尚运动品牌的logo，采用鲜明的蓝色、红色和白色。logo需充满活力，吸引年轻人的眼球，并适用于服装、配件和广告等多种应用场景。

英文：Create a logo for a fashion sports brand aimed at teenagers, using vivid blue, red, and white. The logo should be dynamic and eye-catching to the youth, suitable for various applications such as clothing, accessories, and advertisements.

进入MJ，在聊天框输入"/"并选择"/imagine prompt"选项，将这段指令的英文文本粘贴到输入框内，并点击发送。这样，MJ就会生成四张高质量的运动品牌logo设计图了。

2.方式二：如果有灵感，直接在MJ里写指令

如果你有自己的设计灵感，可以直接在MJ的聊天框中输入相应的指令。例如，我现在想要设计一款专注于健康生活的有机食品品牌的logo，先把这句话翻译成英文"Design a logo for an organic food brand that focuses on healthy living"，然后按照上述步骤在MJ中输入并发送指令。这样，MJ就会根据你的指令生成四张相应的设计图。

3.方式三：使用/describe指令

如果你有喜欢的图片作为设计参考，可以使用"/describe"指令。在MJ中输入"/describe"并添加图片后发送，MJ会为你生成四组与该图片相关的指令。

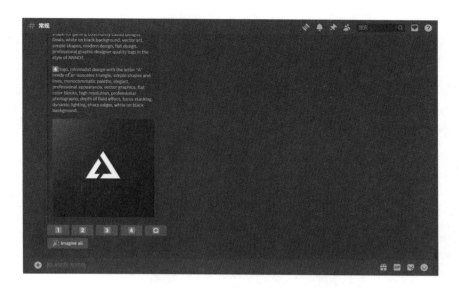

选择你喜欢的指令并点击相应的编号，MJ 就会为你生成四张风格类似的设计图。

4.方式四：通过MJ社区的灵感进行创作

在MJ社区的首页输入关键词"logo design"搜索，社区会展示许多与logo设计相关的图片和指令。

复制你喜欢的图片的指令到MJ聊天框中并发送，即可生成新的logo图片。

3.3.5　室内设计/建筑设计指令

1.方式一：ChatGPT写指令，MJ按照指令创作

在ChatGPT中输入指令：我现在要在Midjourney上进行室内/建筑设计，请你给我1个指令，指令要用中英双语的形式呈现。

ChatGPT：

中文：设计一个充满现代感的客厅，以灰色和白色为主色调，加入木质元素和绿植作为点缀。请注重空间的开放性和功能性，同时保持舒适和简约的风格。

英文：Design a modern living room with a gray and white color scheme, incorporating wooden elements and green plants as accents. Focus on the openness and functionality of the space while maintaining a comfortable and minimalist style.

进入MJ，在聊天框输入"/"并选择"/imagine prompt"选项，将这段指令的英文文本粘贴到输入框内，并点击发送。这样，MJ就会生成四张高质量的室内设计图。

2.方式二：如果有灵感，直接在MJ里写指令

如果你有自己的设计灵感，可以直接在MJ的聊天框中输入相应的指令。例如，我现在想要设计一间融合复古与现代元素的咖啡厅，先把这句话翻译成英文"Design a cafe that blends vintage and modern elements"，然后按照上述步骤在MJ中输入并发送指令。这样，MJ就会根据你的指令生成四张相应的设计图。

3.方式三：使用/describe指令

如果你有喜欢的图片作为设计参考，可以使用"/describe"指令。在MJ中输入"/describe"并添加图片后发送，MJ会为你生成四组与该图片相关的指令。

选择你喜欢的指令并点击相应的编号，MJ就会为你生成四张风格类似的设计图。

4.方式四：通过MJ社区的灵感进行创作

在MJ社区的首页输入关键词"interior design/building design"搜索，社区会展示许多与室内设计/建筑设计相关的图片和指令。

复制你喜欢的室内/建筑设计图片的指令到聊天框并发送，就可以得到新的室内/建筑设计图片了。

3.3.6 商业摄影指令

1.方式一：ChatGPT写指令，MJ按照指令创作

在ChatGPT上输入指令：我现在要在Midjourney上创作商业摄影图，请你给我1个指令，指令要用中英双语的形式呈现。

ChatGPT：

中文：请拍摄一张展示橙子新鲜度和多汁特性的商业摄影图。使用光线和阴影来强调橙子的质感和颜色饱和度，背景选择简洁的白色或淡绿色。

英文：Capture a commercial photograph that showcases the freshness and juiciness of an orange. Use lighting and shadows to highlight the texture and color saturation of the orange, with a clean white or light green background.

进入MJ，在聊天框输入"/"并选择"/imagine prompt"选项，将这段指令的英文文本粘贴到输入框内，并点击发送。这样，MJ就会生成四张高质量的商业摄影图。

2.方式二：如果有灵感，直接在MJ里写指令

如果你有自己的设计灵感，可以直接在MJ的聊天框中输入相应的指令。例如，我现在想要拍摄一张体现奢华珠宝魅力的商业摄影图，先把这句话翻译成英文 "Take a commercial photograph that reflects the charm of luxury jewelry"，然后按照上述步骤在MJ中输入并发送指令。这样，MJ就会根据你的指令生成四张相应的设计图。

3.方式三：使用/describe指令

如果你有喜欢的图片作为设计参考，可以使用 "/describe" 指令。在MJ中输入 "/describe" 添加图片后发送，MJ会为你生成四组与该图片相关的指令。

选择你喜欢的指令并点击相应的编号，MJ就会为你生成四张风格类似的设计图。

4.方式四：通过MJ社区的灵感进行创作

在MJ社区的首页输入关键词"commercial photography"进行搜索，社区会展示许多与商业摄影相关的图片和指令。

复制你喜欢的图片的指令到MJ聊天框中并发送，即可生成新的商业摄影图片。

3.3.7 海报设计指令

1.方式一：ChatGPT写指令，MJ按照指令创作

在ChatGPT上输入指令：我现在要在Midjourney上设计海报，请你给我1个指令，指令要用中英双语的形式呈现。

ChatGPT：

中文：创作一款展现海洋保护意识的精美海报，图片宽高比为

9：16。使用蓝色和绿色调展示海底世界的美丽，包括珊瑚礁、游动的鱼群和海龟等元素，旨在提升公众对海洋生态保护的认识。

英文：Create an exquisite poster to showcase awareness of ocean conservation, with an aspect ratio of 9：16. Utilize blue and green tones to depict the beauty of the underwater world, including coral reefs, schools of fish, and sea turtles, aiming to enhance public understanding of marine ecological protection.

进入 MJ，在聊天框输入"/"并选择"/imagine prompt"选项，将这段指令的英文文本粘贴到输入框内，并点击发送。这样，MJ 就会生成四张高质量的海报。

注意，MJ只能生成图，海报文字大家可以根据主题进行补充。

2.方式二：如果有灵感，直接在MJ里写指令

如果你有自己的设计灵感，可以直接在MJ的聊天框中输入相应的指令。比如，我现在想要设计一款以健康生活为主题的海报，先把这句话翻译成英文"Design a poster themed around healthy living"，然后按照上述步骤在MJ中输入并发送指令。这样，MJ就会根据你的指令生成四张相应的海报设计图。

3.方式三：使用/describe指令

如果你有喜欢的图片作为设计参考，可以使用"/describe"指令。在MJ中输入"/describe"添加图片后发送，MJ会为你生成四组与该图片相关的指令。

选择你喜欢的指令并点击相应的编号，MJ就会为你生成四张风格类似的设计图。

4.方式四：通过MJ社区的灵感进行创作

在MJ社区的首页输入关键词"poster design"搜索，社区会展示许多与海报相关的图片和指令。

复制你喜欢的图片的指令到MJ聊天框中并发送，即可生成新的海报图。

CHAPTER 4

第④章

17个AI办公指令速查，
提升你的办公效率

使用AI办公可以自动化处理许多烦琐的任务，从而提高工作效率，节省时间和人力成本。并且AI办公不受时间限制，可以即时响应和24小时工作，增加工作的灵活性。

本章，我们将详细讲述怎样让AI辅助办公，包括做PPT、Excel表格等，以及怎样让AI辅助我们个人成长，提升技能。

4.1

日常办公：
12个指令，提升职场生产力

4.1.1 AI做PPT

1. 方式一：ChatGPT+MindShow

第一步：让ChatGPT生成PPT大纲和内容。

指令：我现在要做一份PPT，主题为"深度阅读的3大技巧"，现在请你生成这个PPT的大纲，并以Markdown代码块输出。

（生成的回答就是 Markdown 格式，右上角有个 Copy code，点击一下，就可以复制）

指令：很好，现在请你继续完善这个 PPT 大纲的具体内容，并以 Markdown 代码块输出。

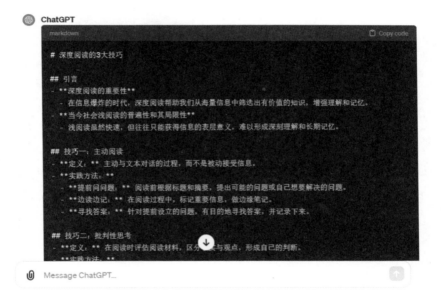

第二步：让 MindShow 根据代码块生成 PPT

在 ChatGPT 聊天框里点击 Copy code，打开 MindShow 网站并登录，导入生成 PPT，选择 Markdown 格式，把刚刚复制的代码块粘贴进去，点击导入创建，就可以一键生成 PPT 了。

2.方式二：WPS AI

在 WPS office 里新建一个 PPT 文档，点击 WPS AI 智能创作，随后会弹出 2 个选择。

一是输入 PPT 标题生成 PPT。比如输入"如何学好 AI"，它就会以最快的速度生成 PPT 内容，点击生成幻灯片，一个 27 页的 PPT 就大功告成。

二是上传Word文档生成PPT。上传已有的Word文档，点击生成幻灯片，Word中的内容就可以转换成精美的PPT。

3.方式三：百度文库

打开百度文库网站，点击右下角的AI生成PPT，它会弹出3个选择，分别是输入主题直接生成PPT、上传文档生成PPT、上传图片生成PPT。

操作步骤也很简单，大家可以按照流程上手实践。

4.1.2　AI做Excel

1.方式一：ChatGPT

在ChatGPT中输入指令，就能一键做表格：把以下数据给我做成表格：赵六英语95，数学92；王五英语88，数学95；李四英语92，数学88；张三英语85，数学90。

You
把以下数据给我做成表格：赵六英语95，数学92；王五英语88，数学95；李四英语92，数学88；张三英语85，数学90。

ChatGPT
Here's the data you provided organized into a table format:

姓名	英语成绩	数学成绩
赵六	95	92
王五	88	95
李四	92	88
张三	85	90

如果要修改表格内容，可以继续发送指令：再帮我添加他们4个人的语文成绩，并重新计算总分，以下是语文成绩数据：赵六90分、王五89分、李四80分、张三78分。

You

再帮我添加他们4个人的语文成绩，并重新计算总分，以下是语文成绩数据：赵六90分、王五89分、李四80分、张三78分。

ChatGPT

Here's the updated table with the Chinese scores added and the total scores recalculated:

姓名	英语成绩	数学成绩	语文成绩	总分
赵六	95	92	90	277
王五	88	95	89	272
李四	92	88	80	260
张三	85	90	78	253

2.方式二：WPS AI

在WPS office里新建一个Excel文档，点击WPS AI智能创作，就可以在聊天框中输入你的指令，借助AI做表格。

指令：帮我查找销售增长率最低值。

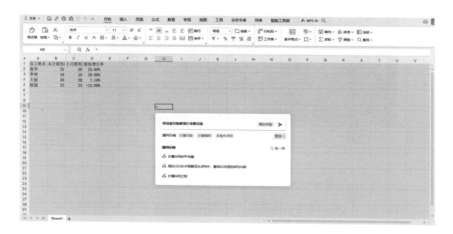

4.1.3 AI做思维导图或图表

1.方式一：ChatGPT+Markmap

第一步：让ChatGPT生成思维导图的内容

指令：给我做一个思维导图，标题为"刻意练习的4个技巧"，并以Markdown代码块输出。

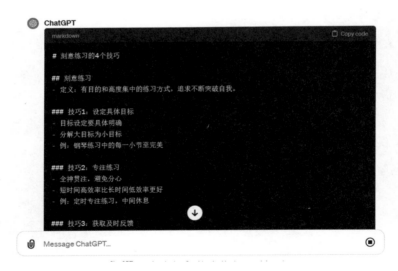

第二步：让Markmap根据代码块生成思维导图。

打开Markmap网站并登录，把刚刚复制的代码粘贴到左边的代码框中，就可以一键生成思维导图了（如下图右框所示）。

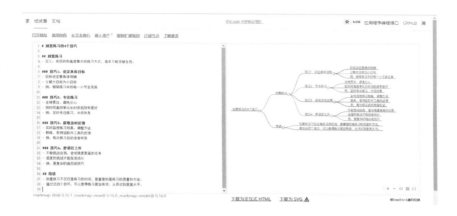

Markmap不仅可以生成思维导图，还可以生成表格，我们来看这个例子。

指令：给我做一个表格，主题为"刻意练习的4个技巧"，并以Markdown代码块输出。

和上面的步骤一样，我们把这个代码块复制粘贴到Markmap左边的代码框中，就可以生成表格。

2.方式二：ChatGPT+Diagrams:Show Me

点击 ChatGPT 左边的 Explore GPTs，找到插件 Diagrams:Show Me，点击 Start Chat，输入指令：帮我画一个思维导图，主题是"写作的3个技巧"。思维导图就会自动生成。

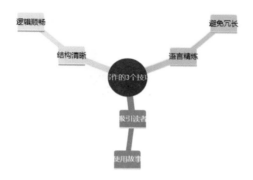

你可以查看全屏图，也可以选择下载这张 .png 格式的图，如果你有什么想要改进的想法，输入"show ideas"，就可以通过和AI进一步交互，来修改或完善这张思维导图。

3.方式三：文心一言+Tree Mind 树图

点击文心一言的 Tree Mind 树图插件，输入指令：帮我画一个树图，主题为"刻意练习的4大技巧"，就可以生成质量上乘的思维导图了。

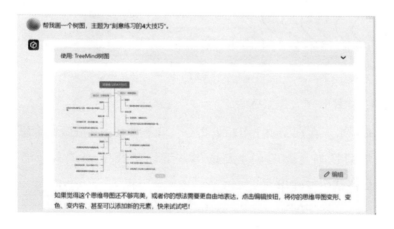

如果觉得这个思维导图不够完美，点击右下角的编辑按钮，就可以将思维导图变形、变色、变内容，甚至添加新的元素。

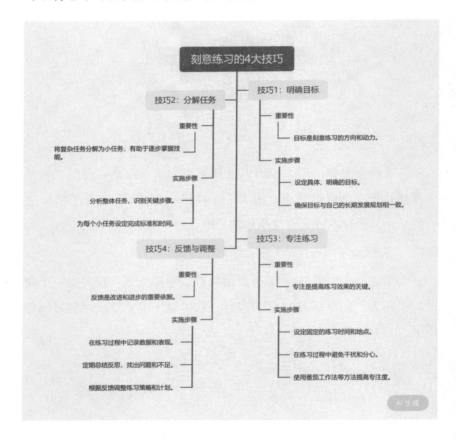

4.方式四：ChatGPT+xmind

第一步：在ChatGPT中输入指令：我想要用xmind做一个思维导图，主题是刻意练习的4大技巧，请你帮我生成文本，记得用Markdown代码块输出。

第二步：点击 Copy code，复制这个代码块，打开 Online Markdown Editor-Dillinger这个网站，把刚刚复制的代码块粘贴进去，再点击右上角的EXPORT US，选择 Markdown，就能得到一个 .md 文件。

第三步：最后打开 xmind 软件，点击文件，导入 Markdown，上传刚刚的 .md 文件，思维导图就做好了。

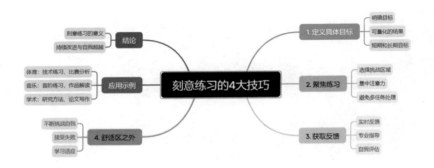

4.1.4　AI制作数据图表

和上面步骤一样，找到插件 Diagrams：Show Me，在聊天框中输入指令：帮我制作一个折线图，展示过去一周（从周一到周日）每日的访客数量。数据如下：

- 周一：150

- 周二：200

- 周三：180

- 周四：220

- 周五：170

- 周六：250

- 周日：300

图表标题设为"一周访客数量趋势"，x轴标记为日期，y轴标记为访客数量。

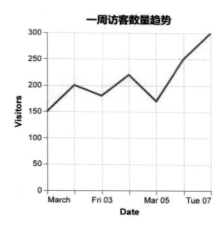

指令：请帮我制作一个柱状图，展示2023年每个月的销售额。数据如下：1月：50000元；2月：45000元；3月：60000元；4月：65000元；5月：75000元；6月：80000元。图表标题为"2023年每月销售额"，x轴标记为"月份"，y轴标记为"销售额（元）"。

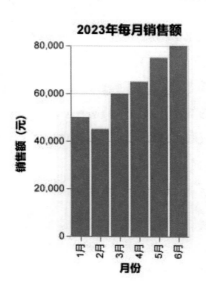

个人成长：
5个指令，提升职场竞争力

4.2.1　借助AI提升阅读效率

想借助AI提升阅读效率，首先要搞清楚什么才是真正读透一本书。真正读透一本书意味着不是浅尝辄止，而是通过深入阅读、理解和思考，充分吸收书中的知识、理念和智慧。

以下是读透一本书的4个关键步骤：①了解书籍的核心观点。②了解书籍的背景故事。③了解书籍作者的故事。④把书中的观点和论据，与自己的知识和经验进行对比。

搞懂以上4个关键步骤后，我们就可以打开ChatGPT进行实操演示了。

指令：现在请你扮演我的阅读教练，深度解读《非暴力沟通》这本书。首先告诉我这本书的核心观点是什么。

ChatGPT：作为您的阅读教练，我很高兴帮助您深入理解《非暴力沟通》这本书的核心观点。这本书由马歇尔·卢森堡博士创作……

……（省略部分内容）

指令：很好，请告诉我这本书的背景故事。

ChatGPT：《非暴力沟通》的背景故事紧密联系着其创始人马歇尔·卢森堡（Marshall B. Rosenberg）博士的生平和理念发展……

……（省略部分内容）

指令：请继续告诉我这本书的作者的故事。

ChatGPT：马歇尔·卢森堡（Marshall B. Rosenberg）博士，非暴力沟通（Nonviolent Communication，简称NVC）的创始人，是一位杰出的心理学家……

……（省略部分内容）

指令：现在我要把这本书的核心观点和自己的经验进行对比，请问我应该怎么做？给我一个模板。

ChatGPT：为了将《非暴力沟通》的核心观点与您的个人经验进行对比，您可以遵循以下模板进行思考和记录。这个模板旨在帮助您深入理解NVC的原则，并将它们应用到您的实际生活中，从而提升您的沟通技巧和人际关系。

《非暴力沟通》与个人经验对比模板：

……（省略部分内容）

你可以把以上这个模板打印下来，下一次遭遇沟通挫折，就可以根据模板的步骤来与AI交互，进一步把这本书的核心观点和自己的经验进行对比。可万一你还是不知道如何根据这个模板与AI对话，可以进一步提问。

指令：请你按照以上模板，给我举一个例子。

ChatGPT：让我们以一位虚构的人物Emma为例，展示如何使用上述模板将《非暴力沟通》的核心观点与个人经验进行对比

……（省略部分内容）

如果后续你根据模板记录了自己的沟通困境，也可以发送给ChatGPT，让它给你提意见。此处附上指令参考：我遇到了一个沟通困境，我希望能够得到一些关于如何更好地应用《非暴力沟通》原则来改善这种沟通情况的建议。以下是我根据《非暴力沟通》模板记录的情况：×××。

4.2.2　借助 AI 锻炼各项能力

1. 提升逻辑推理能力

> 指令：为了锻炼我的逻辑推理能力，请出一道逻辑推理谜题。记住，先不用给出解题思路，你要做的应该是一步一步启发我，而不是直接给我答案。

ChatGPT：理解了，让我们尝试一个逻辑推理的谜题，名为"孤岛逃生"。

谜题描述：你和三个朋友被困在了一个孤岛上。岛上有一座桥，桥上危险的守卫只在夜间离开。你们只有一个手电筒，桥一次最多只能承载两人的重量。所有人都必须用这个手电筒穿过桥，否则就会看不清路而掉下桥。每个人穿过桥的速度不同：你需要 1 分钟，朋友 A 需要 2 分钟，朋友 B 需要 5 分钟，朋友 C 需要 10 分钟。当两个人一起走时，速度会慢到较慢那个人的速度。考虑到手电筒的电量只够照亮 30 分钟，你们应该如何安排，才能确保所有人都安全穿过桥？

现在，让我们一步步解开这个谜题。首先，请考虑：如果你们要在最短的时间内过桥，最开始应该是哪两个人一起过桥？

……（省略部分内容）

因为每个人的回答都不一样，这里省略部分对话内容。等你觉得锻炼得差不多了，想要知道答案，那就发送如下指令：

指令：这个谜题的解题思路是什么？一步一步帮我分析。

指令：综合上述我回答的情况，你觉得我的逻辑推理能力怎么样？

指令：我应该如何提升逻辑推理能力？

2.提升批判性思维

指令：为了锻炼我的批判性思维，我想分析一个具有争议的话题。请提供一个当前热门的争议话题。记住，先不用给出你的观点，你要做的应该是通过提问的方式，一步一步引导我进行分析和讨论，而不是直接给我你的观点。

ChatGPT：一个当前热门且具争议的话题是"人工智能的伦理和隐私问题"。随着AI技术的迅速发展和广泛应用，关于其在隐私保护、数据安全、自动化就业影响及决策透明度等方面的讨论日益激烈。人们担心AI技术可能侵犯个人隐私，加剧就业不平等，以及在缺乏透明度和可解释性的情况下做出决策。

引导性问题：

AI在隐私保护方面面临哪些挑战？

考虑AI如何处理和分析个人数据，以及这可能带来的隐私泄露风险。

接下来，基于你对上述问题的思考，请继续探索此话题。

……（省略部分内容）

因为每个人的回答都不一样，这里省略部分对话内容。等你觉得锻炼得差不多了，想要知道AI的回答，那就发送如下指令：

指令：针对以上这些问题，你的回答是什么？一步一步帮我分析你的观点。

指令：综合上述我回答的情况，你觉得我的批判性思维怎么样？

指令：我应该如何提升批判性思维？

3.借助AI测试技能水平

指令：我要测试我的英语四级能力，想让你给我出点题做测验，请问我应该给你发送什么指令？

ChatGPT：为了测试您的英语四级能力，您可以要求出具体的英语四级模拟题目，涵盖听力、阅读、写作和翻译等部分。以下是一些具体的指令示例：

阅读理解

请提供一段英语四级阅读理解的短文，并出几个相关的问题和选项。请同时附上每个问题的正确答案和解释。

……（省略部分内容）

可以看出，ChatGPT给出的指令已经很详细了，基本涵盖了英语四级考试的重要部分，这个时候你需要选择要提升的板块，把该板块的指令粘贴给ChatGPT，ChatGPT就会为你出题。比如我想先练习一下阅读理解。

> 指令：请提供一段英语四级阅读理解的短文，并出几个相关的问题和选项。
>
> ChatGPT：英语四级阅读理解练习
>
> 短文：
>
> In the past decade, the concept of urban farming has taken off in cities around the world
>
> ……（省略部分内容）

ChatGPT出题时会自动把答案附上，所以我们可以提醒它"请在出题时不要直接给出答案"。这样一来，我们可以先自己做题，做完了再去找ChatGPT要题目答案。

4.借助AI自学一门技能

想要系统地借助AI自学技能，我们需要用到插件Mr.Ranedeer，这个插件在Github上开源有很长一段时间了，Mr.Ranedeer的厉害之处在于，它可以成为任何人的个性化导师，在家就能享受一对一教学服务。

Mr. Ranedeer ⌄

Mr. Ranedeer

By mr-ranedeer.com ⊕ ♡ +1

Meet Mr. Ranedeer, your personalized AI tutor! Version: 2.7 Reboot

/plan I want to learn special relativity	/language Chinese
/config	/plan I want to learn integrals

🔗 Message Mr. Ranedeer...

ChatGPT can make mistakes. Consider checking important information.

Mr.Ranedeer 的默认配置偏好为:

🎯 学习深度: 高中

◎ 学习风格: 主动

🗣 沟通风格: 苏格拉底式

🍁 语气风格: 鼓励

🔍 推理框架: 因果

😀 表情符号: ✅

🌐 语言: 英语（默认）

如果这个配置不适合你，你可以随时在聊天框输入"/config"后，按照提示来更改你的配置。

You
/config

Mr. Ranedeer
To tweak your experience with Mr. Ranedeer, you can visit the configuration wizard here:
https://chat.openai.com/g/g-0XxT0SGIS-mr-ranedeer-config-wizard 🦌. This wizard will guide
you through setting up or adjusting your learning preferences to ensure the best possible tutoring
experience tailored just for you!

　　以上基础配置更改好后，我们就可以开始学习了，你想学习什么技能，就给它发送"/plan +你想学习的技能"，我想学习 AI，那我就发送"/plan AI"。

指令：/plan AI

　　Mr.Ranedeer：我已经为 AI 学习准备了一个课程大纲，感谢你的耐心等待！

　　主课程：

　　1.1 AI概述：介绍人工智能的历史、定义和主要研究领域。

　　1.2 机器学习深入：深入探讨不同类型的机器学习算法，包括监督学习、无监督学习和强化学习。

　　……（省略部分内容）

　　此时，Mr.Ranedeer已经生成了很详细的课程，在聊天框中输入"/start"就可以开始课程计划。

指令：/start

> Mr.Ranedeer：我们将从人工智能概论开始，这是我们AI学习计划的第一步。通过这一课程，你将了解AI的基本概念、历史发展和它在当今世界的应用。
>
> ……（省略部分内容）

接下来还可以发送"/test"，让Mr.Ranedeer给我们来一个随堂小测验。

指令：/test

> Mr.Ranedeer：为了测试你对人工智能概论的理解，我为你准备了以下问题……
>
> ……（省略部分内容）

运用这个插件自学技能，就好像人人都有了自己的专属导师，不过，每个人想要学习的技能和已有的知识水平都不尽相同，建议一定要上手实践，才能更快地熟悉。

CHAPTER 5

第 5 章

自媒体与AI的完美结合，
提升变现速度

近几年，"超级个体"这个概念一直很火，AI的到来，会让更多自媒体人加速成为"超级个体"。

把AI和自媒体行业相结合，不仅可以节省不少人工成本，还能让我们的变现速度提升n倍。

调教 AI：
让 AI 成为你最满意的自媒体助理

5.1.1 给 AI 聊天框命名

ChatGPT 的左边页面展示的是我们与 ChatGPT 的历史聊天记录。若要更高效地管理这些对话，可以点击聊天记录的"..."选项，选择 Rename，为聊天框命名。

举个例子，我个人的 ChatGPT 聊天框就分为了五个类别：公众号文章、小红书文案、3 分钟读懂一本书、每天学个小知识以及其

他。通过这样的分类与命名，一旦需要 AI 的辅助，我都能迅速找到对应的聊天框并继续之前的对话或开始新的交流，这极大地提升了我与 ChatGPT 的互动效率。

5.1.2　使用参照法发送指令

参照法就是在向 ChatGPT 发送指令时，通过具体示例或情境来明确你的需求，这种做法不仅能增强与 AI 交互的准确性，还能确保生成的内容更加符合你的需求。

指令：请参照这篇文章的风格和结构，撰写一篇关于"断亲"的新文章。

以下是你需要参照的文章：×××（文章正文）。

指令：请参照这个开头段落的风格和结构，为我即将撰写的关于"未来科技趋势"的文章生成一个新的开头。以下是你要参照的开头段落：×××（开头段落）。

指令：请参照《哈利·波特》，为我创作一个关于"失落的宝藏"的冒险故事。确保新的故事同样充满神秘和魔法元素，包含有趣的角色、惊险的情节和意想不到的转折。

5.1.3　投喂数据让AI学习

先投喂数据给 ChatGPT 学习，再让其生成文案的好处是利用机器学习技术，ChatGPT 能深度理解数据，进而快速产出符合要求的文案，提升文案的质量和效率。

1. 张嘉佳写作风格

指令：接下来我会给你发送作家张嘉佳写的10个句子，请进行学习，学完后，只需要回复我"已学习"。文案如下：

①我希望有个如你一般的人，如山间清爽的风，如古城温暖的光，从清晨到夜晚，由山野到书房，只要最后是你，就好。

②……

（像这样，总共投喂10条数据左右。这里只做一个基础演示，如果你有足够多的数据，那当然是投喂得越多越好。）

ChatGPT：已学习。

指令：现在请你总结作家张嘉佳的写作风格和特点。

ChatGPT：张嘉佳的写作风格和特点主要体现在以下6个方面：

抒情细腻：张嘉佳的文字充满了温情和细腻的情感，他擅长用柔和的笔触描绘人物的内心世界和微妙的情感波动。他的句子往往如同抚摸心灵的轻风，温暖而又不失深度。

……（省略部分内容）

指令：好的，让我们把你总结的这6条命名为"张嘉佳写作风格"，以后一旦我叫你用"张嘉佳写作风格"给我写作，你在写作时就要符合你总结的6个方面的写作风格和特点，明白了吗？

ChatGPT：明白了！一旦您提到"张嘉佳写作风格"，我会尽力在写作中融入这6个写作风格和特点。

指令：写1条以"分离"为主题的句子，采用"张嘉佳写作风格"。

ChatGPT：那些关于分离的瞬间，像极了深夜的火车站，一列列列车来来往往，我们都在等一个可能不会回头的人，却也学会了在寂静中，拥抱自己的影子。

2. 房琪写作风格

指令：接下来我会给你发送著名旅游博主房琪的10条短视频文案，请进行学习，学习完后，只需要回复我"已学习"。文案如下：×××（放上房琪的短视频文案）。

ChatGPT：已学习。

指令：现在请你总结一下房琪的文案风格和特点。

ChatGPT：房琪的文案具有以下6个鲜明特点：
情感丰富、诗意浓厚：文案中充满了丰富的情感表达和诗意的语言，如通过自然景观的描绘传达对生活、旅行的深情和对伴侣的爱意。这种写作手法使得文案不仅仅是对旅行目的地的介绍，更是一种情感和哲思的传达。

……（省略部分内容）

指令：好的，让我们把以上这6条命名为"房琪写作风格"，以后一旦我叫你用"房琪写作风格"写作，那你在写作时就要符合你总结的6个特点，明白了吗？

ChatGPT：明白了！当你提到"房琪写作风格"时，我会依据上述6个特点进行写作。如果你需要具体的文案或其他内容，随时告诉我！

指令：写1条关于武汉黄鹤楼的文案，采用"房琪写作风格"。

ChatGPT：在这座古老的城市中，有一座楼静静地诉说着千年的故事，它就是黄鹤楼。站在楼上，江风拂面，我仿佛能听见历史的低语，看见那条汹涌的长江在我的脚下缓缓流过，带着无数的故事和梦想东去。黄鹤楼，不仅仅是一座楼，它是武汉的灵魂，是旅人心中的一盏明灯，照亮了归途。

每一块砖，每一片瓦，都镌刻着岁月的痕迹，它见证了历史的变迁，也承载了无数文人墨客的梦想和留恋。

……（省略部分内容）

5.1.4　用格式法编写指令

发送长指令时，为了让ChatGPT更清楚地理解你的意图，建议采用以下格式和符号来组织和划分你的指令：

1.使用项目符号或编号

指令：请按照以下要求写一篇文章：

主题：未来的交通工具

篇幅：500字左右

内容：必须包含自动驾驶和环保元素

解释：通过编号清晰地列出要求。

2.使用粗体或斜体强调关键词

指令：请写一篇关于人工智能伦理的文章。

解释：粗体可以强调"人工智能伦理"这个关键词，让ChatGPT明确文章的核心内容。

3.分段发送长指令

如果你要给AI一个相对复杂的任务，由于这个任务的信息量较大，一次性将整个指令发送给AI可能会导致它难以理解和处理，那么，你可以考虑将指令分成几个部分，分段发送。

例如，你可以这样分段发送指令：

请开始写一篇关于"未来城市交通解决方案"的文章。

等待ChatGPT响应后，你可以继续发送第二部分指令：

接下来，请讨论几种可能的未来城市交通解决方案，包括自动驾驶汽车、共享出行、电动交通工具等。

然后，发送第三部分指令：在文章的结尾部分，请总结未来城市交通解决方案的重要性和可能对社会、环境和经济产生的影响。

解释：通过这种方式，你将一个长而复杂的指令分解成了几个较小的部分，每个部分都包含了明确的任务和要求。这样做可以帮助ChatGPT更好地理解你的意图，并逐步完成文章的撰写。

5.1.5 逆向提示工程

逆向工程，指根据已有的东西和结果，通过分析来推导出具体的实现方法。在AI指令领域，逆向提示工程指的是分析AI模型生成的输出，推断出用于产生这些输出的提示或指令。

假设你手中已有一篇爆款文案，并希望AI能够辅助你创作出类似的佳作，却又对如何向AI发出明确指令感到困惑。在这种情况下，一个有效的方法是利用AI进行逆向提示工程。

指令：请你对这个爆款文案进行逆向提示工程操作，生成一个可以写出这种文案的指令：×××（这里放上爆款文案）。

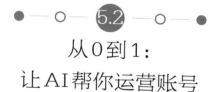

从0到1：
让AI帮你运营账号

接下来，我以小红书平台为例，手把手带你用AI运营账号。

> 指令：我想要从0到1运营一个小红书账号，请问我需要做哪几步？

ChatGPT：以下是从0到1运营小红书账号的一些核心步骤：

1. 明确定位和目标

确定内容主题：根据你的兴趣、专业知识或市场需求，选择一个明确的主题。这个主图可以是美食、旅行、教育、健康、科技等。

了解目标受众：分析并了解你的目标受众，包括他们的兴趣、需求和习惯。这将帮助你创建更具吸引力的内容。

2. 注册账号并完善资料

下载小红书 App 并注册账号。

完善个人资料，包括设置吸引人的头像、用户名和介绍，确保一致性和专业性。

3. 内容规划与创作

内容日历：制定内容发布计划，包括主题、格式（如图文、视频）和发布时间。

内容创作：根据计划创作高质量的内容。确保内容原创、有价值、符合受众口味。

4. 互动与社区管理

定期检查评论并回复，建立良好的受众关系。

鼓励互动，如提问、投票等，增加粉丝参与感。

5. 数据分析与优化

定期查看分析工具，了解内容的表现。

根据数据反馈调整内容策略，持续优化。

6. 引流与推广

跨平台推广：利用其他社交平台推广你的账号。

合作与互推：与其他创作者合作，互相推广内容。

参与热门话题和挑战：利用热门话题增加曝光。

7. 遵守平台规则与趋势

熟悉并遵守各平台规则，避免违规内容。

关注平台趋势和更新，适时调整策略。

8. 持续学习与创新

持续学习行业知识和营销技巧。

尝试新的内容形式和创意，保持账号的新鲜感和吸引力。

可以看到，ChatGPT给出的内容非常详尽，除了4、7、8最好用人工完成外，其他都可以用AI辅助。

接下来我们将从明确定位和目标、注册账号并完善资料、内容规划与创作、数据分析与优化、引流与推广这5个方面，实操演示如何用AI从0到1运营小红书。

5.2.1　明确定位和目标

指令：我想要在小红书做一个账号，分享一些AI实用技巧，你能帮我明确一下定位和目标吗？

ChatGPT：小红书是一个以生活方式为核心的社区，用户喜欢探索新鲜事物、提升生活品质。基于这一点，以下是您账号的可能定位和目标：

定位：

生活化的AI应用分享：着重介绍AI技术如何在日常生活中应用，如智能家居控制、个性化推荐、健康监测等，让AI技术更加亲民易懂。

工作效率提升：分享使用AI工具和软件提升工作效率的技巧，例如自动化工具、时间管理软件、项目管理软件等，特别适合自由职业者、创业者和办公室员工。

……（省略部分内容）

5.2.2 注册账号并完善资料

> 指令：现在请你帮我完成账号三件套：起名、写简介、为我的账号头像提供一些建议。以下是我的个人资料，以便你参考：我是桑梓，桑梓学姐文化传媒公司CEO、AI优质矩阵操盘手、单篇文章收益14000元、作品全网阅读量过亿次、人力资源和社会保障部教育培训中心新媒体运营培训优秀学员、执有新媒体执业证书、全媒体运营师、上稿累计200多篇、拥有付费学员800多名。

ChatGPT：基于您提供的个人资料和选择的定位，以下是针对小红书账号的建议：

起名

智效桑梓学姐

桑梓AI效率空间

效率矩阵by桑梓

桑梓的AI效能课堂

选择一个能够反映出您专注于利用AI提升工作效率，同时又包含您个人标志的名称，有助于建立品牌识别度。

写简介

🐾桑梓学姐，文化传媒公司CEO & AI效率提升专家。

📈单篇最高收益14000元，作品阅读量过亿次，致力于用AI技术革新工作方式。🏆人力资源和社会保障部教育培训中心新媒体运营培训优秀学员，持有新媒体执业证书与全媒体运营师资格。■上稿200多篇，拥有付费学员800多名，这里是分享 AI 如何让你的工作更高效的秘密基地。💡加入我们，一起探索 AI 的无限可能，让工作更智能、生活更精彩。

简介中应体现您的专业背景和成就，同时展现出账号的价值主张和目标受众所能获得的好处。

头像建议

专业肖像照：选择一张高质量、专业的个人肖像，确保背景简洁，着装专业，表情亲切。这将有助于建立专业可信的形象。

个性化元素：考虑在头像中加入一些与 AI 或效率提升相关的元素，比如 AI 的图标或符号，但要确保不会过于复杂，影响识别。

色彩选择：使用明亮而富有活力的色彩，如蓝色或绿色调，传达出科技感和活力感。

结合您的专业背景和定位，这样的三件套有助于您在小红书上建立一个专业且吸引人的账号，有效地吸引目标受众并分享 AI 在提升工作效率方面的实用技巧和知识。

我觉得这个账号名字不是很有记忆点，简介的排版不够美观，于是我继续向 ChatGPT 提出改进建议。

指令：①关于起名：没有足够的有记忆点。②关于简介：排版不够美观。

ChatGPT：了解您的顾虑，让我们调整为更正式且具有专业感的名字，同时尝试保持一定的记忆点：

起名建议

桑梓AI实验室

桑梓的AI工具箱

桑梓AI效率指南

这些建议旨在结合您的名字和专业方向，同时传达出正式和权威的氛围，让读者一看就知道这是一个关于提升工作效率、使用AI技术的专业账号。

简介建议

🚀欢迎进入桑梓AI实验室🚀

🎓 我是桑梓，文化传媒公司CEO，AI优质矩阵操盘手，让工作效率倍增不再是梦。

💡使命：解锁AI技术的实用技巧，助你轻松驾驭工作，生活更精彩。

🏆背景加持：人力资源和社会保障部教育培训中心新媒体运营培训优秀学员、全媒体运营师，作品全网阅读量过亿次，上稿累计200多篇，拥有付费学员800多名。

✨这里你将发现：最前沿的AI实用技巧、效率提升秘技，以及如何利用新媒体技术让你的工作和生活更加高效。

通过调整，简介在保持了轻松口吻的同时，也增加了排版的条理性，以突出您的专业背景和账号的核心价值。希望这次的修改更贴近您的预期！

5.2.3　内容规划与创作

指令：现在请你来帮我完成小红书的内容规划与创作。

ChatGPT：基于您的定位——在小红书上分享AI实用技巧，以下是一个为期一个月的内容规划与创作指南，旨在帮助您有效启动和发展您的账号。

第一周：引入与基础教育

内容1：AI简介。制作一篇图文笔记，简单介绍什么是AI，它如何影响我们的生活。

内容2：日常生活中的AI应用。通过一系列图片或短视频展示AI如何在日常生活中应用，如智能助手、推荐系统等。

内容3：一个解决常见问题的AI工具。介绍一个简单的AI工具，如语音转文字软件，展示如何使用它来提高效率。

……（省略部分内容）

总体上说这些选题还行，但还是有点泛泛而谈，于是我在下一步提问的时候，让它围绕"AI写作"板块进行展开。

指令：请你围绕"AI写作"这一板块，帮我生成3个符合小红书平台调性的爆款选题。

ChatGPT：围绕"AI写作"这一板块，以下是3个既符合小红书平台调性又具有潜力成为爆款的选题，旨在吸引广泛关注并激发用户兴趣：

"手把手教你利用AI写出第一篇文章"：通过图文或视频教程，详细介绍如何使用AI写作工具从零开始写出吸引人的文章。

……（省略部分内容）

这些选题都非常不错，只是文风有点太板正。于是我又去抓取了小红书的AI写作爆款选题，把这些选题投喂给ChatGPT学习，再让它生成爆款选题。

指令：这是小红书上的AI写作爆款选题，请你学习，你需要总结出这些爆款选题的共性，然后再围绕"AI写作"这一板块，帮我生成3个选题。以下是你需要学习的数据：×××。

ChatGPT：这些AI写作的爆款选题具有以下共性。

实用性：提供具体的AI写作工具使用方法，解决实际问题。

互动性：鼓励用户参与讨论，分享个人经验。

教育性：普及AI写作相关知识，提高用户对AI写作技术的理解。

趣味性：以有趣的方式探讨AI写作，提升阅读体验。

体验分享：通过个人的使用体验，讲述AI写作工具的效果和价值。

接下来，我将根据这些共性为"AI写作"板块生成3个新的选题：

"AI写作新手？这5个工具让你轻松起步！"

"AI写作挑战：7天内写完一本书有可能吗？"

"用AI写作赚钱？揭秘AI如何完成内容创作"

……（省略部分内容）

这些选题结合了当前AI写作领域的热点，适合那些对AI写作感兴趣的小红书用户，能够激发他们的好奇心和探索欲望。

接下来要开始让ChatGPT生成小红书内容了，我们选择"普通人如何用AI学好写作？今天通通告诉你！"这一选题，然后先让AI生成小红书笔记。

指令：现在请你帮我写一篇小红书笔记，主题是"普通人如何用AI学好写作？今天通通告诉你！"。

ChatGPT：当然，这里是一篇围绕"普通人如何用AI学好写作"的小红书笔记草稿：

标题：（写作新秘技）普通人如何用AI学好写作？今天通通告诉你！

正文如下：

当然，这里是一篇围绕"普通人如何用 AI 学好写作"的小红书笔记草稿：

标题：〔写作新秘籍〕普通人如何用 AI 学好写作？今天通通告诉你！

正文：

嗨，小伙伴们！🙌

你是否曾经因为写作感到头疼？是否羡慕那些文章总能上热门的博主们？告诉你个小秘密，现在连写作都可以让 AI 来帮忙了！没错，就算是我们这些普通人，也能借助 AI 提升写作水平。📝✨

🍙【AI 写作到底是什么？】

AI 写作工具，其实就是利用人工智能技术，基于大数据分析和自然语言处理，来辅助我们完成写作任务的神器。不论是创意构思、语法校对，还是风格润色，它们都能来帮忙。

🖌【怎么开始使用 AI 写作？】

1️⃣ 选择工具：首先，找到适合自己需求的 AI 写作工具，比如 ChatGPT、Grammarly 或者是中文的写作助手等。

2️⃣ 定制内容：根据你想写的内容类型，调整 AI 的辅助方向，比如商业报告、学术论文或创意小说。

3️⃣ 和 AI"对话"：通过简单的提示或问题，让 AI 知道你想写的内容方向和风格。

4️⃣ 编辑和润色：获取 AI 的输出后，不要忘记自己再加工修改，让文章更具个人色彩。

🚀【AI 写作实战技巧】

利用 AI 进行脑暴：即使是灵感枯竭的时候，AI 也能提供一系列的想法和建议。

参考 AI 的语言表达：AI 提供的句子结构通常很地道，可以学习语言表达的多样性。

学习文章结构：AI 输出的文章结构清晰，可以帮助我们学习如何合理安排文章布局。

✨【我的 AI 写作体验】

我试用过 AI 写作小工具撰写了几篇博客，效果令人惊喜！虽然初始内容有些生硬，但在我细致编辑后，整篇文章流畅自然，还学到了不少新词汇和表达方式。最关键的是，这节省了我大量的构思时间，让我更有动力持续创作！

🐚【写作不再难】

写作不是天分，而是技巧与实践的结合。在 AI 的帮助下，我们这些"普通人"也能提升写作水平，享受写作带来的乐趣。

如果你也对 AI 写作感兴趣，或者已经有了一些体验，欢迎在评论区分享你的故事哦！让我们一起进步，让写作变得更简单！💪

#AI写作 #写作技巧 #创意写作 #写作神器

这篇笔记设计为亲切、轻松的风格，希望能吸引小红书上的广大读者，并鼓励他们尝试使用AI来提升写作技巧。

> 指令：很好，请问你能给我举一个实操案例，告诉普通人如何通过AI学好写作吗？

ChatGPT：当然可以！让我们以一个常见的写作任务为例，举一个AI写作工具在实操中的应用案例。

实操案例：使用AI写作工具撰写杭州西湖旅行文案。

背景：假设你刚从一次激动人心的杭州之旅回来，想要分享你的经历，但对坐下来写一篇完整的文案感到不知从何下手。

步骤一：启动AI写作工具。

选择一个流行的AI写作工具，比如ChatGPT或一个中文的AI写作辅助平台。

打开平台，并选择创建新的写作项目。

步骤二：与AI"对话"。

向AI描述你的旅行经历，比如，我想写一篇关于杭州西湖旅游的文案，主题聚焦于文化体验和自然风光，300字。

步骤三：生成初稿。

让AI基于提供的信息生成一篇初稿，例如：

在春风中漫步杭州，西湖的美不仅仅是视觉上的盛宴，更是一次心灵的触动。这里，每一步都踏在历史的长河里，每一眼都拥抱着自然的馈赠。西湖不只是湖，它是杭州的心，是文化与自然完美融合的象征。

……（省略部分内容）

步骤四：编辑和润色（自行选择）。

阅读 AI 生成的初稿，可以根据个人需要进行修改。如果你觉得文案细节感不够，就对 AI 说："请给文案增强一点细节感。"如果你觉得文案故事感不强，就对 AI 说："请给文案增强一点故事感。"

紧接着，我们可以把这个实操案例当作图片文案，拿去作图。打开 canvas，选择合适的模板，直接把以上文字粘贴进去，就能得到精美图片。

以上就是小红书内容创作的全部过程，从选题、标题、小红书文案，全都一步到位。等 AI 使用熟练后，我们可以让 ChatGPT 一次性生成 30 个爆款选题、30 条小红书笔记，最后再用 canvas 批量作图，这样就能在短时间内生产出大量小红书内容，非常高效。

5.2.4　数据分析与优化

指令：这是我为小红书准备的文案×××（文案内容）。

请根据小红书的爆款调性，对其进行评分，并提供关于如何提升其吸引力和创意度的建议。

ChatGPT：这篇文案已经非常接近小红书的爆款调性了，让我们来进行一下评分和提建议：

评分（满分10分）：

吸引力：9/10

创意度：8/10

情感表达：9/10

目标受众适配度：9/10

评价：

这篇文案很好地利用了小红书的口语化风格，用轻松、亲切的语气介绍了AI写作的概念和优点，很适合小红书的年轻受众

……（省略部分内容）

还有一个数据分析与优化的技巧：每隔一段时间，就可以用"爬虫"去该平台爬取一下爆款数据。

比如我需要在小红书上做"自媒体赚钱"的选题，那我就有针对性地去爬取"自媒体赚钱"的爆款数据，爆款数据包括但不限于标题、选题、文案。

随后，当我需要ChatGPT来辅助我创作爆款标题时，我会把之前搜集到的爆款标题数据作为学习材料给它，让它基于这些数据生成相应的爆款标题。

同样地，当需要ChatGPT来撰写爆款文案时，我也会将之前搜集到的爆款文案数据提供给它，以指导其生成符合要求的爆款文案。

如此反复，让AI不断地学习爆款、模仿爆款，相信很快，AI也能为我们做出各种爆款。

5.2.5　引流与推广

> 指令：我想要把小红书上的粉丝引流到微信私域，我应该怎么做？

ChatGPT：

目标：将小红书上的粉丝引流到微信群，建立更紧密的社区联系。

步骤：

创建价值：首先，确保你的微信群有足够的吸引力。可以是专门的行业分享会、粉丝福利群，或者是有特定主题的讨论群，确保加入群聊能为粉丝带来额外的价值。

文案撰写：在小红书上发布一篇精心设计的文案，介绍加入私域的好处，如独家内容、行业内幕分享、互动问答等。

使用二维码：由于直接展示微信二维码可能违反平台规则，可以通过让粉丝留言或私信的方式索取，或者设置一些简单的互动游戏或条件，比如"点个关注并评论666，就可以获得福利"。

……（省略部分内容）

按照AI给的引流步骤，一步一步完成就行。

除了小红书平台，其他平台也是一样的玩法，欢迎大家举一反三，用AI做出其他平台的爆款账号，同时也欢迎大家和我一起交流。